伊麗莎白‧大衛
的經典餐桌

At Elizabeth David's Table

伊麗莎白‧大衛 Elizabeth David ｜ 著

吉兒‧諾曼 Jill Norman —— 編選　松露玫瑰 —— 譯

大衛‧羅福托斯 David Loftus —— 攝影　喬‧葛雷 Jon Gray —— 插畫

目錄

推薦文

傑米・奧利佛 Jamie Oliver

　　我很榮幸能受邀為已故伊麗莎白・大衛女士寫幾句話。可惜我與她素未謀面，真希望曾有機會。即便如此，我深受她的作品潛移默化，對我的事業產生巨大的影響。我們的行業是一條艱辛的道路，無論男性或女性，碰巧我認識許多偉大的廚師都是女性。她們都和她一樣出色，堅強有自信，擁有令人折服的創造力，憑直覺就能了解大眾的口味。卓越的廚師——蘿絲・格雷（Rose Gray）和露絲・羅傑斯（Ruth Rogers）是她的超級粉絲，有幸在她們開設的餐館「河流咖啡屋」（The River Café）接待她。當我還是資歷尚淺的廚師，在她們的餐廳廚房工作，她們將許多伊麗莎白・大衛開創的思想深植我腦海。在我心目中，蘿絲與露絲是她現代的代言人。

伊麗莎白・大衛在地中海區的旅行和冒險，毫無疑問是她生活和事業重要的參照點，她吸收參訪國家的地方美食、歷史悠久的食譜與傳統，並崇尚簡單而自然的烹調，她記載的食物、人物及食材為英國讀者打開嶄新且令人驚異的世界。

伊麗莎白・大衛真正擅長的，是將她從遊歷之處蒐集的食譜和習俗與英國飲食揉合，我認為這正是她的美食文章如此優秀突出的原因。她的著作對我影響甚鉅，她不僅介紹美食，還適時傳授烹調的常識和簡約之美。當英國飲食被戰爭配給拖垮，她給世人帶來了希望與樂觀，並教導眾人如何將少量好食材變化成帶有英國特色、真實又出色的美食。

「企鵝出版集團」（Penguin Books）精選伊麗莎白・大衛最受歡迎的食譜編輯成專書，希望將她介紹給新世代的美食愛好者。她的作品證明，如果你擁有自我突破的熱情及信心，只要你的烹調簡約並合乎邏輯性，你的發展將永無止境。她是十足的開拓者，這個國家眾多優秀的廚師其實或多或少都受到她的影響，至今未歇。

強尼‧葛雷 Johnny Grey，伊麗莎白的外甥

我猶記五歲那年，麗莎在她切爾西（Chelsea）的廚房教導我和哥哥魯伯特烹煮全雞，自此我總是滿懷激情和興奮，期待與她見面——交談時她不怒自威並且反應迅速，毫不容許我們打馬虎眼；她以誘敵的方式提出問題，等待回答時則虎視眈眈，似乎隨時要與我們開戰。

摁下前門電鈴那一刻起，我們即遠離切爾西，進入波西米亞的世界。強烈的高盧牌煙草氣息盤旋於門廳，進入廚房時更顯濃厚。她明顯的上流階級腔調刷上沙啞的嗓音，與黑色細窄裙和寬大的男士襯衫相互輝映。她身上的服飾很少有其他色彩，不太像波西米亞風格，反倒比較偏簡約法式風格，與我母親截然不同。麗莎稱自己為國際主義的都會人，激烈的無黨派人士。她的保守黨鄉親為此遙望哭泣。

她的廚房裝潢與個人現代感的風格截然不同，塞滿隨手可丟和撿來的家具。各類雜物堆積在有空位的檯面上，目光所及是把貓從躺椅擠出的書籍和報紙，以及裝盛異國食材的碗盆，再與食物的香味、色彩和形狀交織成為廚房的風景。笨重的聚光燈在家具表面投射出陰影，倉促打造的松木餐桌上方懸掛一座經過改造的維多利亞黃銅吊燈，她總是坐在桌邊的高背椅上工作或準備食物，因為廚房裡沒有其他檯面可供使用，也幾乎沒有其他可替代的空間，所以她在那張桌子上著手並完成所有的工作。我從沒見過她下廚或做其他事情時張皇失措，印象中她總是不疾不徐地選擇菜單，令人感覺慎重其事，但又不致小題大作，欣賞她烹調的過程和品嘗完成的料理同樣令人如沐春風。

蘿絲‧格雷 Rose Gray

四〇年代末期，英國當代廚師都受限於食物配給制度，而伊麗莎白‧大衛在此關鍵時刻，用她的文字渲染並傳播地中海的色彩與陽光。我母親在阿迦爐（AGA）底部煮米布丁時加了伊麗莎白‧大衛最愛的香料——肉豆蔻，對一位對食物充滿好奇心的八歲女孩來說，充滿異國情調。她首部著作發表於一九五〇年，我如飢似渴地閱讀，書中解說如何烹調食材及使用香料令我興奮不已，因為我向來對蘇活區的食材店深感興趣。

經營「河流咖啡屋」的頭兩年，伊麗莎白曾經應西蒙‧霍普金森（Simon Hopkinson）之邀來訪。那天風很大，我們在入口處迎接她時，她幾乎快被風吹走。伊麗莎白當時非常虛弱，但等她仔細看完我們五花八門的紅酒酒單，也看到當日菜單有「伊麗莎白的巧克力與杏仁蛋糕」後，一切即歸於平靜。那天的一切振奮著餐廳上下員工的士氣，也是餐廳早期鮮活亮麗的記憶之一。

莎莉‧克拉克 Sally Clarke

　　我早年一些幸福的回憶就是在家裡的廚房冒險——一手握著廚師刀，另一手捧著早已翻爛的伊麗莎白‧大衛的《地中海料理》。二十二歲時，我不知天高地厚地自認為早已懂得所有與食物有關的知識，因此決定成為作家，並覺得需要廣求意見。我寫信給許多名人，詢問一個可笑的問題：「如何成為一位作家？」沒有多少人給我回應，這一點都不意外，但是某天電話響了，我媽朝樓上大喊：「伊麗莎白‧大衛在線上等妳。」我坐在床上一邊發抖一邊聽著她說話，緊張興奮的心情歷歷在目。她非常和善、有耐心，慷慨地給我忠告。那段時間內我幾乎不發一言，就只是專注地聽取她的建議：持續寫作，直到有所成就。

　　一九八四年，在我餐廳開張不久，大衛夫人未經通知前來用午餐。我走近餐桌，告訴她，她光臨「克拉克」令我受寵若驚。此後，她經常來探望我們。在她快要離世之前，我受邀到她家拜訪，她在臥室接待客人，坐在滿布著書籍、文件、筆和筆記的床上，這也是我對她的記憶——工作、研究和寫作，直到最後一刻。

西蒙‧霍普金森 Simon Hopkinson

　　與伊麗莎白共度的分分秒秒是最珍貴的時光。有時是短暫的，比如在「畢奔登」（Bibendum）午餐時段結束前，我還穿著白色工作服，就倉促地與她喝上一、兩杯葡萄酒。而某些場合中，她的朋友邀請我加入餐宴，總是令我憂喜參半。看著伊麗莎白在我面前品嘗我做的菜，儘管分量極少，卻處處牽動我的神經，整個場景非常詭異，我好似一位端坐自家餐桌上侷促不安的客人。不過伊麗莎白對我一直客氣有禮，並讚揚「香料茄子沙拉」的滋味如往常般美味——這當然是採用她改編自喬伊斯‧莫利紐（Joyce Molyneux）的茄子菜餚。

　　有個景象將永遠雋刻在我的記憶中，節禮日（Boxing Day）那天，也是她生日當天晚上，我與吉爾‧諾曼坐在她切爾西的家裡地下室桌邊。我們暢飲唐培里儂香檳（Dom Perignon），大嚼似乎取之不竭的羅卡起司餅乾，漫無主旨地閒聊。播放中的輕音樂、喧鬧的笑聲，一切都剛剛好。

　　雖說認識伊麗莎白‧大衛令人備感殊榮，然而卻是她的食譜與充滿生命力的文字帶給我源源不絕的喜悅。她的作品真實精準，如詩般的敘事，並具臨場感，她為讀者體現下廚並不僅是家事義務——一般家庭廚師做她的食譜都勝任有餘——而且是具啟發性的經驗。有生之年，我將不斷使用她的某些食譜。

一九八九年春天,我在「河流咖啡館」工作時遇見伊麗莎白・大衛。當時我的工作項目是製作布丁,我一走進餐廳,蘿絲・格雷就跟我說:「伊麗莎白・大衛會來用午餐,我要你將她的巧克力蛋糕放進菜單。」沒錯。她指的是《法國地方美食》裡那道著名的巧克力蛋糕,以杏仁粉取代麵粉,並添加少許濃咖啡,當時我每星期會做上一、兩次。但是蘿絲並不知道,伊麗莎白更不可能知道,我暗地裡逐漸增加巧克力的分量,當時已增加到幾乎是原食譜的兩倍。我的構想是把它做成更為濃郁銷魂的蛋糕,並不是說要比原來的版本好,而是要讓它更像甜食。當時真是進退兩難!做原來的配方嗎?或者就把我這不正宗的版本端到這位高貴的女士面前⋯⋯嗯,年輕人的桀驁不馴驅使我選擇後者。

不出意料她點了這個以她的名字命名的蛋糕。我緊張地躲在一邊偷覷她用餐。她一小口、一小口地邊吃邊與同伴閒聊,直到點心盤只剩下些許巧克力屑,而我們用來搭配蛋糕的法式酸奶油則絲毫未動。她顯然對這樣的組合不以為然。不過蛋糕看來似乎符合她的要求。我暗忖她上了年紀,有可能幾十年沒做蛋糕了⋯⋯於是我鬆了口氣,回頭繼續工作。

幾分鐘後,蘿絲輕拍我的肩膀,「伊麗莎白想跟你說幾句話⋯⋯」
我兩腿發軟,艱難地走向她的桌子,口乾舌燥⋯⋯
「這蛋糕是你做的?」她目光炯炯地注視著我。我想逃跑也想撒謊,但我知道不能這麼做。
「是⋯⋯是的,是我⋯⋯」
「但是它與我書中的不同,是不是?」
「呃⋯⋯就只有⋯⋯多一些巧克力⋯⋯」我含糊地說。她直盯著我,我意識到必須解釋詳盡點。
「稍微濃郁些⋯⋯更像甜食⋯⋯」
她任我臉紅耳燥地叨絮片刻,之後輕輕但堅定地揚起稀疏的眉毛打斷我。「是這樣的⋯⋯」她說道,「無論你做了什麼⋯⋯蛋糕很美味。」待她轉向她的同伴,我才意識到討論已經結束,我點頭致謝,悄然離去。

我所經手的料理從來沒有收到如此驚心動魄的讚美,而且再也遇不到了。

序言

　　伊麗莎白・大衛生於一九一三年，父母為魯伯特和史黛拉・葛溫（Rupert and Stella Gwynne），家中共有四個女兒。她的父親是伊斯特本保守黨國會議員，她跟著保姆兼家庭教師接受傳統的中產階級教育。後來她進入一所女子學校，那裡的伙食極差：「再沒有比學生時代所吃稀爛的木薯泥布丁或可怕的水煮鱈魚更令人憎惡的食物。」十六歲時，伊麗莎白被送去巴黎帕西（Passy）區與一個法國家庭同住，如果在索邦大學的課業沒有讓她留下難忘的印象，至少「某些食物嘗起來挺不錯，和我過去吃的大不相同」。返回英國後，她在牛津劇團工作了一段時間，也在攝政公園的露天劇場有過短暫的演藝生涯。

　　一九三〇年代後期，她與一位戀人去了法國，在那裡認識了作家諾曼・道格拉斯（Norman Douglas），雖然兩人年齡差距極大（她二十四歲，而他七十二歲），卻結為至交。道格拉斯對伊麗莎白的影響深遠，不僅使她成為作家，也影響她的人生觀。二次大戰初期，她當時住在希臘的希洛斯島（Syros），之後被疏散到埃及，在開羅任職於情報部管理資料室。她在此地認識服役於印度軍團的安東尼・大衛（Anthony David），後來與他結婚。一九四五年末，她隨夫遷居新德里（New Delhi），但卻生了病，數月後返回英國。

　　伊麗莎白的處女作《地中海料理》於一九五〇年問世，但其實她的寫作生涯始於一九四六至四七年，地點是懷河畔的羅斯（Ross-on-Wye）的一家旅館。在物資相對較豐厚的中東旅居多年後，回到戰後蕭條的英國，雖說旅館至少還算溫暖，但她筆下所描述的食物「散發出黯淡的勝利之光，幾乎等同於人性的仇恨及需求」。她開始記錄對中東和地中海美食的記憶，為食物配給制度造成的現實困境尋求出口。一九四九年，一位文學界的朋友提議將她的筆記和食譜介紹給出版社。大多數出版社認為當時食物短缺，出版這種烹飪書籍的構想極其荒謬，但是約翰・萊曼（John Lehmann）很喜歡這個題材，並同意出版。

　　藉由《地中海料理》描繪一幅生機勃勃的畫面：「地中海海岸的烹飪，得天獨厚擁有自然的資源，遵循傳統卻又隨興創作，呈現出南方的色彩及風味。食材的靈魂直接從熱鍋上跳躍而出，每一道菜都是道地的美食。」當時地中海當地的食材——橄欖油、番紅花、大蒜、羅勒、圓茄、無花果、開心果——在倫敦難以取得，讀者們不得不仰賴記憶和想像來品味伊麗莎白的食譜。

書中收錄的菜色都有出處，採自普羅旺斯、義大利、科西嘉、馬爾他和希臘等地。《地中海料理》被公認為嚴謹的作品，評論家們發表看法並且堅信，一旦英國食物短缺的現象獲得紓緩，它將成為既實用又鼓舞人心的著作。一九五五年，「企鵝出版社」的首版在恰好的時機發行，吸引了廣大的讀者群。食物配給制度在一九五四年結束，而地中海區的進口品陸續抵達。在一九五〇年代，書中許多菜色在英國還名不見經傳，但幾年之後，西班牙鍋飯、慕沙卡、普羅旺斯燉菜和西班牙冷湯等菜色，在全國一般家庭的廚房、餐廳和超市都廣為人知。

因《地中海料理》大受歡迎，一九五一年，介紹鄉野菜餚的小書《法國鄉村美食》也隨後誕生。而內容更豐富，堪稱經典的《法國地方美食》於一九六〇年出版，其中「精選食材但不浪費鋪張，注重細節並運用技巧，完成均衡合宜的法國中產階級料理」精準地表達她個人的烹飪哲學。這兩本法國料理書激發愛好者前往法國體驗鄉村料理，包括「河堤邊的客棧，羅亞爾河和多爾多涅沿岸、諾曼地和奧弗涅熱情的鄉村莊園，海港小酒館，或者偶爾也在路邊咖啡屋」。也因此肉糜抹醬和糜凍、加入培根和大蒜的湯、用葡萄酒慢慢燉煮的肉類或禽鳥，以及蜜甜或鹹香的塔派，逐漸出現在大膽創新的英國食譜書籍中。六〇年代，無論是樸實溫馨或時尚精緻的餐宴，常常直接採用她的著作食譜。

期間，伊麗莎白返回義大利住了一年，為她在一九五四年出版的第三本書《義大利料理》進行研究並收集資料。她是最早強調義大利料理地域性差異的作者之一。一直到十九世紀末，義大利才成為統一的國家，所以對義大利人來說，一直都沒有所謂的義大利菜，「倒是有佛羅倫斯料理、威尼斯料理，有熱那亞、皮埃蒙特和羅馬涅地方菜；也有羅馬、拿坡里和阿布魯佐地方菜；還有薩丁尼亞、西西里、倫巴底、翁布里亞和亞得里亞海岸菜色」。觸覺敏銳的旅客對這些區域性菜色的差異瞭若指掌，但在當時英國的義大利餐館卻毫無二致；只要是義大利麵、小牛肉和雞肉菜色，英國消費者都會稱之為義大利菜。伊麗莎白接著著手準備《夏日美食》，是本較不繁複的小書，收集簡單的夏日餐點、自助式菜色和野餐冷食，選自英國傳統菜色，再加上她所遊歷的國家的當地美食。她把重點放在新鮮香草和當季蔬果，以及禽鳥和海鮮簡餐。

到了一九六四年，這五本書都有平裝版問世，迄今發行不墜，銷售達百萬冊，擁有廣大的讀者群，時至今日仍不斷增加中。編寫食譜那些年，伊麗莎白的作品同時在眾多報章雜誌上出現，首先是在一九四九年受邀為《哈潑時尚》（Harper's Bazaar）撰寫一篇〈米風再現〉（Rice Again）。之後她成為專欄作者，在不同時期為各家雜誌撰稿，比如《時尚》（Vogue）、《家與花園》（House and Garden）、《週日時報》（The Sunday Times）、《酒與食物》（Wine and Food）、《旁觀者》（The Spectator）和《風潮》（Nova）。她最喜歡為《旁觀者》撰文，因為寫的是關於食物的專欄，而非制式的文章或食譜。她取材廣泛但主題性強，偶爾夾雜「無傷大雅的餐廳消費指南趣聞，或是餐廳公關做出愚蠢建議被嘲弄的情形」。

伊麗莎白對英式料理也很有興趣，擁有大量英國古老菜色的食譜書，不時詳加閱讀。以此熱情為出發點，她著手編寫《英倫廚房中的香料》，於一九七一年出版。本書精選運用香料的英國菜餚，引導讀者重溫鹽醃鴨和香料牛等老滋味的風華。

《英式麵包和酵母烘焙》花了五年的時間才完成，是最全面性的英式烘焙書籍。書一出版（一九七七年）即造成了巨大的影響。在英國販售的麵包有百分之八十是由工廠生產──輕軟細白並切成薄片。消費者厭惡平淡無奇、鬆弛的工廠製麵包，於是群起抵制，開始在家烘焙麵包。人手一本伊麗莎白的麵包書，大家紛紛向小磨坊購買麵粉，尋找酵母和好的麵包模。而今，市面上還是可以見到工廠生產的麵包，但是超級市場、點心店和個人烘焙坊裡有各式各樣的麵包，這些都歸功於伊麗莎白。

對伊麗莎白來說，寫作從來就不是件輕鬆的事情，但是她的作品總是坦率直白、溫暖和無可挑剔得完善。她優美的文筆源於不斷的筆耕及修改，直到滿意為止。她對事物總是保持好奇心，絕對會確認來源的準確性及出處。她自我要求極高，也用同樣的態度對待他人。她厭惡小題大作和造假，因此毫不保留地談論「工廠」生產的劣質商品、糟糕的餐廳，並譴責出版歪曲傳統料理的食譜作者。

閱讀伊麗莎白的食譜讓人有下廚的衝動，食物的香氣和鮮明的色彩躍然紙上。烹調的步驟非常簡短，有些甚至極為粗略，與時下讀者所習慣的規格化書寫方式大相逕庭，但不會令你失望。她認為她的讀者聰明、好奇、能夠自由思考，而她的文字清晰並具權威性，標示燉飯、加味飯、燉牛膝或布根地燉牛肉的正確做法。她一邊做飯一邊記錄：尊重傳統和來源、充滿熱情與知識。她用簡潔正宗的食譜歌頌用餐之樂，用令人垂涎三尺的短文描寫法國或義大利的市場、旅遊時發現的美食和古老菜餚的細節。

在大西洋兩岸，許多廚師開始要求優質食材並採用她的食譜，他們不斷讚頌伊麗莎白的貢獻。許多不知道她或她的作品的人，都經由這些廚師或其他美食作家間接受到影響。伊麗莎白不是公眾人物，她也不想成為公眾人物。她選擇寫作做為發聲的管道，並以優雅、博學、機智且幽默的方式呈現。她是美食領域中重要的軌跡，她的著作開啟先鋒，使當今的明星廚師及電視主廚擁有個人舞台。

《伊麗莎白‧大衛的經典餐桌》中，簡易快速的食譜適用於時下緊湊的生活節奏，而經典菜餚可能要多花些時間，不過一旦備好料，就可任其細煮慢燉，甚至可事先做好。有些食譜維持敘事風格，不過許多材料都詳列於文章開頭。每個章節之間收錄不同主題的短文，書寫她的生活歷程。這是伊麗莎白第一本附帶食譜成品照片的著作，風格則參照本書第 154-155 頁「我夢想中的廚房」的描述，維持柔和暈黃的色調，使用陶罐和純白瓷器。

這本我們時代中最偉大的美食作者的彩色食譜精選，希望你會喜歡。

吉爾‧諾曼 Jill Norman，二〇一〇年三月

快速且新鮮
FAST and FRESH

　　我愈來愈討厭大多數的罐頭和包裝食品，原因無他，除了價格高昂，還有裡面包裝的食物乏善可陳、味道虛假。它們占據的空間、造成的雜亂，還有打開包裝的動作都會激怒我。然而，即使那些號稱一手拿鍋一手執筆的美食工作者，也無法完全拒買這類商品，以便隨時變出一餐來。我對這類食品的底線，無論如何就是不能難以入口或一拆封就受到驚嚇的東西，不要虛有其表或容易腐壞的商品，也不要所謂緊急時可以拿來撐場面的東西。如果某種東西不是好到可以每天吃，也就不夠好到可以拿來款待朋友，即使是不速之客，也不能拿這種東西出來應付。

二十年前，那時仍是大戰期間，我住在地中海東部，很習慣用有限的食材準備三餐。而今我發現自己愈來愈想回歸到那種古老而基本的飲食，它們很貼近我的口味，而且總是可以做出均衡、幾乎完整的一餐，這是隨手買回家的罐裝或裝袋食物無法辦到的。當你必須倉促地開四個罐頭、兩瓶玻璃罐和三個包裝袋來準備一餐時，可預知的結果就是令你無法滿意的飯菜；而剩下沒吃完的半罐罐頭和玻璃瓶，隔天就要想辦法用光，或者就在冰箱裡放到腐壞。我在愛琴海島上的一個海邊小村莊居住時，必須費心選購的食材無他，就只是麵包、橄欖油、橄欖、鹹魚、硬質白起司、無花果乾、番茄糊、米、乾豆、糖、咖啡和葡萄酒。

我們吃的鮮魚主要是小魚或墨魚，偶爾可以跟年輕的漁夫買到紅鯔、棘龍蝦，蔬菜和水果是小酒館主人自家園子栽種的，蛋大約是一打兩便士，肉類只有節日才會買，通常是小山羊、羔羊或豬。我的食物的種類顯然極為有限，不過至少在設計菜單時沒有什麼問題，不像讀者來信所言，生活寬裕的英國主婦日常總有設計菜單的困擾。

隨後我遷徙到戰火中的埃及，雖說相較於我之前抱怨不已的希臘，埃及的物產比較充足及多樣化，但我發現地中海東部海岸的基本日用品對我來說才是重點。亞歷山卓人做菜時，所用的方法比希臘島民更文明，這一點也不令人驚訝。早期為這個城市締造商機的希臘人、敘利亞人、猶太人和英國人，似乎將黎凡特（Levantine）區和歐洲兩地的烹飪融合，演進成一種美味獨特的菜系，同時也形成好客的民風。我很少見到像亞歷山卓市的黎凡特廚師一般，可以把宴會菜色烹調得魅力四射且美味可口。但是經過分析，就會發現許多同樣的材料在別地也一再使用，唯一的差別是處理的方式不同，用極具技巧性的手法融合了調味料和香料，使得每一道菜都擁有獨特的風味。

在開羅，歐洲菜和中東菜之間的分際更加明顯。要讓受過英式教育的蘇丹籍廚師做出好菜可說是難如登天。他們大多數堅信給英國人吃的正餐不外乎烤雞或炸雞，水煮蔬菜和布丁，而所謂的布丁一律稱為「教堂補丁＊」就是了。

我私人的廚子蘇利曼是蘇丹人，之前只為義大利和猶太家庭工作。他有點散漫和健忘，個性本質倒是溫柔可親。他熱愛廚事和鍋具，除此之外，他對英國教室裡好吃又乾淨的食物一無所知。

我曾經嘗試教他一些法國菜或英國菜，因為我非常懷念那些食物，然而能教他的時間實在有限，廚房的設備更是簡陋，到最後我就隨他想煮什麼就煮什麼。

正因如此，大概有三到四年的時間，我都是吃烹飪技巧相當粗糙的蔬菜料理，不過風味十足，色彩也勾人胃口。扁豆或新鮮番茄湯、香氣四溢的加味飯、碳烤羊肉串、淋薄荷口味優格醬的沙拉，用黑豆、橄欖油、檸檬以及水煮蛋做成的埃及「費拉印」（fellahin）。這幾道菜不只看起來迷人，花費也不多，而這點非常重要，因為埃及與戰時的歐洲相較之下，算是物產豐富的國家，但是對依賴英國社會役薪資而沒有國外津貼的年輕人來說，很多高檔的食物還是遙不可及。就算買罐頭儲備也不可能，借用我的埃及房東喜歡形容的：地下室是附家具的公寓，所以也沒有多餘的空間存放。

我回到英國後，有五、六年得靠可怕又沉悶的配給食物度日，我發現當年我在埃及的生活水平或許不高，但我吃的食物卻像當地的生活一樣，多采多姿，豐富又刺激，總是那麼色香味俱全。而那些元素在英國菜中竟然杳無蹤跡。

＊ 他們發音失準，把焦糖布丁（crème caramel）唸成 greme garamel，所以翻成教堂補丁。

直到後來慢慢開放進口，我才再度享受這些來自地中海世界的食材所烹調出的高水準食物。令我驚訝的是，這些種類有限的基本材料竟然可變化出比一整個超級市場更多樣的食物，而超級市場裡的食物嘗起來還真是乏善可陳。

只要我有蛋、洋蔥、巴西利、檸檬、柳橙、麵包和番茄（我也會買一些番茄罐頭存放）等基本的新鮮食材，我就能隨時利用食物儲藏室的存貨做出菜來。如果必須在很短的時間內用餐，我就用鰻魚魚片、黑橄欖加水煮蛋，淋些橄欖油做成沙拉，配麵包和一瓶葡萄酒。如果無法外出購物，或是忙得沒時間一直站在爐火前，那麼白豆或扁豆這類適合細煮慢燉的食材是最佳選擇，通常還會加上醃香腸或培根，以及洋蔥和橄欖油，可能還有番茄。也可以趁此時把杏桃乾或其他果乾放進烤箱烘烤，或者用柳橙做水果沙拉，最糟糕的狀況還有麵包、奶油、蜂蜜和果醬。又或者，假設我得在四十五分鐘內隨手做出一餐，那麼，我有義大利米、巴特那米、帕馬森起司、香料、香草、紅醋栗果乾、杏仁、核桃，可以做燉飯或加味飯。此外還可拿油漬鮪魚配自己用蛋打出來的美乃滋當前菜。用這些食材做出千變萬化的菜餚，是下廚的樂趣。

摘自《旁觀者》（The Spectator），一九六〇年十二月九日

前菜與輕食

STARTERS *and*
LIGHT DISHES

用蔬菜、蛋、明蝦、米飯和簡單的醬料就可輕鬆地做出前菜，所需要的只是想像力和最基礎的烹飪技巧。前菜愈簡單愈好，擺盤要乾淨簡潔。最棒的前菜之一是熱那亞式，材料有生蠶豆、薩拉米和佩戈里諾薩多起司，把每項食材分別放在不同的盤子上，大家吃的時候自行剝蠶豆莢，刨切起司。如果把所有食材全都在碗裡混合，就會失去食用的樂趣。同樣的吃法，有一道沙拉是把鮪魚堆放在拌過橄欖油的法國四季豆上，兩種食材的質地形成對比，味道卻相容，如果把鮪魚與豆子搗碎，兩者特有的滋味和口感就會消逝，成品的外觀更是一團稀糊。

除了可以在家自製成本低廉的輕食，市集上各式各樣的農產品也可以做成美味的前菜。所有煙燻魚——鱒魚、鯖魚、熱燻鯡魚、鮭魚、鱘魚、鰻魚，只需配上檸檬、麵包和奶油，其他什麼都不需要。把燻鱈魚卵、橄欖油和檸檬汁一起搗成泥，可做成相當出色的麵包抹醬（直接吃也很美味，不過略顯膩口）。

義式前菜盤是歐洲料理最成功的烹飪成就。最常見的組合是薩拉米、橄欖、漬鯷魚魚片、生火腿、油漬迷你朝鮮薊、油漬甜椒、生茴香片和生蠶豆。薩拉米的種類多不勝數，有些是蒜味，有些是原味；有些要趁鮮吃，有些則熟成後食用最美味。優質的帕瑪火腿和聖丹尼爾火腿很可能是世界上最美味也最適合做前菜盤的火腿。是誰想出把這些火腿配無花果或蜜瓜一起吃的高招？（私以為蜜瓜搭火腿美則美矣，但略遜無花果一籌。）

各種浸泡於油醋醬的小魚、漬鯷魚和必不可少的鮪魚，在義大利是最受歡迎的魚類前菜盤。明蝦、海蜇蝦、小蝦、墨魚、魷魚、烏賊、小烏賊（後四種屬墨魚家族）、貽貝、蛤蜊、石蟶、簾蛤、岩蠔、螃蟹、油漬鱘魚都可充作前菜。

蔬菜可做出各式各樣的菜色，許多都可以用來當前菜。正因為某些超乎尋常的組合，使得這些小菜特別有滋有味，比如薄片生朝鮮薊、生蘑菇配漬鯷魚、格魯耶爾起司片搭爽脆的球莖茴香或生甜椒圈、熟朝鮮薊心與豌豆混拌的沙拉、蠶豆與馬鈴薯、甜椒鑲鮪魚等等。只要有巧思創意，不要弄得太複雜，就可做出無數種讓人對整頓飯充滿期待的前菜。

皮埃蒙特烤甜椒

PIEDMONTESE PEPPERS
Peperoni alla Piemontese

把適量紅、黃或綠甜椒縱向對切，挖除籽囊後洗淨。如果太大就再對切。每片甜椒填入 2 或 3 片蒜片、2 小瓣新鮮番茄、½ 片切碎的漬鯷魚魚片、1 小球奶油、2 小匙橄欖油及少許鹽。填好後置於平底烤盤中，放進預熱好的烤箱，以攝氏 180 度（瓦斯烤爐刻度 4）烤約 30 分鐘。這道烤甜椒嘗起來夾生，帶些口感，內餡則是柔軟滑順、蒜香四溢。

放涼後吃，食用前撒些巴西利。

每人份為半顆至一顆甜椒。

香菜籽蘑菇

CORIANDER MUSHROOMS

這道菜不消三兩下功夫就可完成，適合當開胃菜。風味類似大家熟悉的希臘茄汁蘑菇，不過方法簡單多了，嘗起來甚至更可口。這道菜的分量如果加大，就可以當小牛肉或雞肉的熱配菜。

新鮮結實的白蘑菇 175 公克、檸檬汁、橄欖油 2 大匙、磨碎的香菜籽 1 小匙、月桂葉 1 或 2 片、鹽、現磨胡椒粉。

蘑菇稍微沖洗，用乾淨的布擦乾，每朵切成 4 等份，個頭大些的就切成 8 等份，但不要削皮。蒂頭要修剪整齊。淋些檸檬汁。

取一只厚底煎鍋或炒鍋，開小火燒熱橄欖油，撒入香菜籽加熱數秒鐘。加入蘑菇和月桂葉，用鹽和胡椒粉調味，再拌炒 1 分鐘，蓋上鍋蓋，維持小火煨煮 3 至 5 分鐘。 人工種植的蘑菇不能煮超過 5 分鐘。

掀開鍋蓋，把蘑菇連同所有湯汁盛到淺盤，淋些橄欖油和檸檬汁。

無論是冷食或熱食，都不要忘記放入剛才煮過的月桂葉。香菜籽和月桂葉融合的香氣是這道菜的靈魂。

煮過的蘑菇通常無法久持原味，不過這道香菜籽蘑菇倒是可以在冰箱待個 1 至 2 天也不走味。此外，把生的人工種植蘑菇放入塑膠盒，可在冰箱裡保鮮數天。

可供三人食用。

普羅旺斯番茄沙拉

PROVENÇAL TOMATO SALAD
Tomates provençales en salade

取一大把巴西利，切除底部粗梗，把較嫩的梗和葉片放入研磨缽。加入少許鹽、2 瓣去皮大蒜和少許橄欖油磨碎。

把新鮮番茄蒂頭切掉，用小湯匙把果肉挑鬆，撒鹽後倒扣，讓水流掉。把巴西利和蒜泥填入番茄，靜置 1 到 2 小時，使味道滲入番茄即可享用。

新鮮番茄佐香草奶醬

TOMATOES with CREAM

把幾顆番茄丟入滾水燙 30 秒鐘，用濾杓舀出，丟入冷水稍加浸泡，再撕去外皮。

番茄鋪到淺沙拉碗裡，淋上由鮮奶油、鹽和切碎的龍蒿（tarragon）或羅勒拌成的醬汁。

這道沙拉搭配雞肉冷盤極為出色，與熱騰騰的雞肉菜色一起吃也相當適合。

每人份為一至兩顆番茄。

茄肉泥

AUBERGINE PURÉE

這道茄肉泥是中東菜色，一般是當成前菜，配上麵包或肉一起吃，與甜酸醬（chutney）的食用方式相同。

把 4 顆圓茄炙烤或爐烤到外皮迸裂，輕易就可撕除。把茄肉搗成泥糊，拌入 2 或 3 大匙原味優格、2 或 3 大匙的橄欖油，鹽、胡椒和檸檬汁。用幾片切成細薄片的洋蔥和切碎的薄荷葉裝飾。

可供四人食用。

茄肉甜酸醬

AUBERGINE CHUTNEY

2 顆圓茄連皮一起放入滾水煮熟，整鍋放涼。圓茄去皮，把茄肉放入食物調理機，加入拍扁並去皮的大蒜打成泥糊，拌入少許切得細碎的洋蔥和綠辣椒，以及磨碎的薑泥，再以鹽、胡椒和檸檬汁調味。

可供四人食用。

雞肝醬

CHICKEN LIVER PÂTÉ

除了鵝肝醬，在英國很難買到合意的肉糜醬（pâté），其實自製一點也不難。如果你沒有陶製或可耐高溫的瓷製專用烤模也無妨，花點小錢就可買到各種尺寸的搪瓷烤盤、耐熱玻璃器皿，甚至橢圓的麵包模也行，這些都可派上用場。直接端上桌看起來不怎麼討喜，但你可把肉糜醬倒扣到上菜盤，分切成片即可。

雞肝 250 至 500 公克（鴨肝、火雞肝和鵝肝混合亦可）、奶油 90 公克，另備少許淋在雞肝醬表面（豬、鵝或鴨脂肪亦可）、大蒜 ½ 瓣、鹽、胡椒、百里香葉少許、白蘭地 2 大匙、波特酒或馬德拉酒（Madeira）2 大匙。

雞肝洗淨，剔除沾到膽汁的綠色部分，否則雞肝醬嘗起來會帶苦味。煎鍋中放入 30 公克奶油，開小火融化，加入雞肝煎 5 分鐘。這時雞肝內層會呈現粉紅色，將它們盛到攪拌器，加入大蒜、鹽、黑胡椒粉和百里香葉打成糊狀。與此同時，在原鍋加入 2 大匙白蘭地，煮到沸騰，再加入 2 大匙波特酒或馬德拉酒，續煮 1 分鐘。把打好的雞肝糊倒入煎鍋，加入 60 公克奶油攪拌均勻，以小火煮到濃稠，再倒入陶模。陶模的大小，要在裝完雞肝醬後，還留有 1 公分高度的空間。

另一只煎鍋放入適量的奶油，開小火融化，用濾網過濾到雞肝醬上；倒入 ½ 公分厚度的奶油量，才能完全封緊雞肝醬。待奶油凝固，移到冰箱冷藏。雞肝醬做好後，熟成 2 至 3 天即可食用，如果裝在密封容器，可以冷藏數星期。食用時從冰箱拿出直接端上桌，配烘麵包片吃。

這款肉糜醬本身脂厚腴美，塗抹麵包時不需額外添加奶油。

500 公克雞肝製成的雞肝醬可供八至十人食用。

豬肉麋凍

PORK and LIVER PÂTÉ
Terrine de campagne

這款麋凍在法國餐廳也叫「私房肉麋醬」或「主廚麋凍」。通常是當前菜,配烘麵包片或法式麵包一起吃。有些人還附加一碟奶油,不過它的滋味濃郁,不一定需要奶油。只要事先說好,隨和的肉販通常願意幫你把豬肉、小牛肉和豬肝絞碎。這將省下許多時間,只要肉販願意,我總是請他們代勞。

豬五花絞肉 500 公克、小牛絞肉 500 公克、絞碎的豬肝 250 公克、五花培根或豬脂肪 125 公克、大蒜 1 瓣(拍碎)、黑胡椒粒 6 顆(敲碎)、杜松子(juniper berries)6 顆(敲碎)、磨碎的豆蔻皮 *(mace)¼ 小匙、鹽 1 至 2 小匙、不甜白酒 3 至 4 大匙、白蘭地 2 大匙。

首先製作肉餡。把 60 公克五花培根或豬脂肪切成不規則形狀的小丁,連同大蒜、所有的香料、鹽、白酒和白蘭地加入絞肉,攪拌均勻。時間允許的話,放入冰箱冷藏 1 至 2 小時才開火料理,可使香料和酒的風味滲入絞肉。把處理好的肉餡舀入高度約 5 至 6 公分,容量 1.25 公升的容器,或 2 至 3 個高度約 5 至 6 公分的小烤模。把剩餘的五花培根或豬脂肪切成細長薄片,交叉覆蓋肉餡。把烤模置於烤盤中,注入超過烤模一半高度的清水,再移入烤箱,以攝氏 160 度(瓦斯烤爐刻度 3)烤 1¼ 至 1½ 小時。肉餡自烤模邊緣脫離就差不多烤好了。

把烤模從烤箱移出放涼,小心不要讓油脂灑出。麋凍經過重壓,在奶油幾乎凝結的狀態,切起來比較漂亮。可在麋凍表層鋪防油紙,蓋一塊砧板或盤子,再疊上重物即可。如果想省事,其實也沒什麼大不了。想要讓麋凍保存超過一星期的話,麋凍一放涼,就澆上剛融化的豬油,把表層完全密封即可 **。

製作麋凍時,謹記烘烤的時間要隨烤模的高度而非平面面積調整。材料中的大蒜和杜松子可隨喜好加入。

至於絞肉、香料及調味料的比例,可依照個人口味調整,不過一定要考慮到成品的口感。好的麋凍嘗起來濕潤滑順,但不會太過油膩,內層則略帶粉紅色,而不是灰色或棕色。如果麋凍口感乾澀,原因不外乎是烘烤過久或使用的油脂量過少。

可供八至十人食用。

---

* 豆蔻皮:即包覆肉豆蔻外層,蠟質的假種皮。味道與肉豆蔻類似,但略為強烈,辛辣味也較為突出。

** 台灣天氣潮濕悶熱,建議成品放在冰箱冷藏,以免變質。

油漬豬肉抹醬

RILLETTES

油漬豬肉抹醬可以保存數星期，搖身一變就是出色的前菜。上菜時搭配麵包與白酒。

油花適中的豬五花 750 公克至 1 公斤、大蒜 1 瓣、新鮮百里香或馬郁蘭（marjoram）1 枝、鹽、胡椒、磨碎的豆蔻皮*（mace）1 撮。

豬肉去骨去皮，切成小丁，連同切碎的大蒜、香草和調味料放入厚底鍋。鍋子放爐上，用小火煎，或放進烤箱，設定攝氏 140 度（瓦斯烤爐刻度 1），烘烤 1½ 小時，直到肉丁變軟但沒上色，並浸漬在加熱時融出的油脂中。在碗上架大濾網，倒入豬肉並過濾豬油。待肉塊放涼，用兩根叉子撕成肉絲，不太會操作的就用刀切碎。除非你一次做很多，盡可能不要用攪拌器把肉絞碎，那會使得成品口感過於細緻滑順。把撕碎的豬肉分裝到小陶盅或瓷罐，倒入濾出的油脂密封，再用防油紙或鋁箔紙封緊即可。

可供四至六人食用。

* 豆蔻皮見第 33 頁譯註。

豬肉菠菜醬

PORK and SPINACH TERRINE

這款肉糜醬可以趁熱當主菜享用，不過我偏好法國人的吃法，放涼後抹在麵包或吐司上，充作前菜。

這道菜特別之處在於它的外觀頗吸引人，嘗起來清新不油膩，對那些認為豬肉醬太過濃郁的人來說，它的口感比較輕盈，接受度相對增高。打個比方，即使在這道肉糜醬之後端上味道濃厚或油膩的菜餚，你的胃也不會吃不消。

在有「普羅旺斯大門」之稱的迷人小鎮奧朗日（Orange），我品嘗到一款新鮮香草放得比肉還多的肉糜醬。一問之下得知那是按照上普羅旺斯（Upper Provence）珍貴的鄉村食譜製成的。那道肉糜醬滋味迷人，卻略嫌油膩，我試著用較清淡的餡料製做，以下就是我的實驗配方。

新鮮嫩菠菜、甜菜根葉或莙薘菜（chard）500 公克、豬五花絞肉 500 公克、鹽 3 小匙、現磨胡椒粉 1 大撮、奶油、綜合香料粉約 ¼ 小匙——由豆蔻皮、多香果*（allspice）、丁香（cloves）混合而成。

菠菜洗淨，汆燙後瀝乾，把水分擠出，盡可能擠乾——用手擠，別無他法。然後略切。

絞肉以鹽、現磨黑胡椒粉和綜合香料粉調味，再與菠菜混合均勻。把肉餡舀入容量為 600 毫升的長型陶模或麵包模，表層鋪一張抹了奶油的防油紙，把陶模或麵包模放烤盤上，烤盤裡注入超過容器一半高度的清水。

把烤盤移入烤箱以攝氏 160 度（瓦斯烤爐刻度 3）烤 45 分鐘至 1 小時。不要烤過久，否則成品會乾澀不可口。

可供六至八人食用。

* 多香果：漿果類香料，哥倫布航行到加勒比海列島時發現，具胡椒、丁香、肉桂、肉豆蔻等綜合香味，故稱多香果，別稱眾香子、牙買加胡椒（Jamaica pepper）。

新鮮香草
FRESH HERBS

　　烹調時使用香草的方式多半依循傳統做法，甚至可說有點盲從，所以會有忽略個人口味的問題，也沒有太多人勇於改變；事實上哪道菜得用哪種香草是挺隨興的，很可能是古早時候有人發現羅勒可以提升番茄風味，茴香配魚，迷迭香搭豬肉，後來就很少人扭轉這些傳統用法。舉例來說，茴香是豬肉絕佳的提味香料，加上英式料理常用的蘋果醬，還可以增添酸香；而羅勒不論加到任何菜色中，幾乎都可以增加風味層次；因此，想要有更多創意，只要觀察其他國家的料理，就可知道香草在烹飪上的運用是如此多變。

　　英國人認為薄荷適合搭配羔羊、新生小馬鈴薯和豌豆，法國人則視其為上不了檯面的英式調味代表，避而遠之；然而在烹飪文明發達的中東地區，薄荷卻是最常使用的香草之一；把它加進湯、醬汁、歐姆蛋、沙拉、乾燥蔬菜泥，也可以做成波斯人和阿拉伯人常喝的香甜薄荷涼茶。烹飪頗受阿拉伯人影響的西班牙，也會在燉菜和湯品中使用薄荷；義大利人喜歡的糖醋醬裡，材料少不了它，這還是古羅馬時代遺留下來的飲食傳統，而今羅馬人在燉蕈菇和蔬菜湯中加入野薄荷，風味獨具。印度人用薄荷泥、芒果、洋蔥和辣椒煮成甜酸醬，除了用來配魚和冷肉一起吃，也特別適合咖哩菜色。薄荷是一種擁有清新味道的香草，它會讓胡蘿蔔、番茄、蘑菇、扁豆這類蔬菜嘗起來齒頰留香；魚湯、燉菜或燜鴨肉加上些許薄荷末，味道會更好；冷的烤鴨肉下面鋪一層新鮮薄荷葉，成就一道香氣四溢的夏日佳餚；準備柳橙沙拉時，也可以撒幾片薄荷葉增添風味。

　　羅勒香氣濃郁，是香草中最美味的一種，番茄沙拉和番茄醬都得靠它提升滋味。在普羅旺斯、義大利和希臘，羅勒生長茂盛，運用廣泛。熱那亞人的飲食少不了的青醬，就是用羅勒、松子、大蒜、起司和橄欖油搗成的濃醬，青醬是每種麵食、魚肉，尤其是紅鯔的最佳佐料，也是增加湯品和雜菜湯風味的調味醬。一旦你迷上羅勒，就再也離不開它了；甜椒和圓茄等地中海區產的蔬菜、蒜味湯和加酒烹調的牛肉、用普羅旺斯或利古里亞所產帶果香的橄欖油調製的沙拉淋醬，以及所有需要配番茄醬汁一起吃的菜色，它們需要羅勒的程度就好比魚缺水不可，絕對無可取代。

鼠尾草（sage）這種很英國味的香草我就不多說了，香草的運用是個人品味的問題，在我看來，它太搶味，而且被濫用；各種餡料或香腸都可見其蹤跡，許多英國人對香草很反感，它或許得負起大部分的責任。義大利人也喜愛鼠尾草，許多小牛和肝臟菜色都會用上，但我覺得它非但沒有給食物帶來清新的味覺，反而產生腐舊的氣息；做菜時我寧可用薄荷或羅勒取代鼠尾草。迷迭香的情況也一樣，新鮮的迷迭香在加熱後會散發出味道強烈的油脂，將會滲入與它一起烹調的食材中；法國南部在烤羔羊肉、豬肉或小牛肉時會加上迷迭香，但是盛盤時會把它丟棄，因為在嘴巴裡嚼到這些細細的針葉可真是彆扭；義大利人會把大量迷迭香塞入乳豬裡一起烤，在肉舖也常看到紮好待烤的豬肉塊，被迷迭香環環纏繞，光看就令人胃口大開。不過如果想嘗出真正的肉味，迷迭香最好不要過量，此外，千萬不要拿它熬煮澄清高湯或醬料的湯底。

至於百里香、馬郁蘭和野生馬郁蘭都是強而有勁的香草，可以分開或合在一起煮味道濃郁的紅酒燉牛肉，或是用洋蔥、大蒜、培根、葡萄酒和甘藍煮成的農家湯；準備雞、鵝和火雞，或甜椒和圓茄的填餡，以及炸肉餅（配上刨細的檸檬皮）、野味糜凍和燉歐洲野兔或兔肉時，都可從這三種香草擇一加入；煎烤羊肉、豬肉、羔羊排或羔羊肝時，丟入少量的百里香或馬郁蘭是美味的祕訣；義大利人和西班牙人稱野生馬郁蘭為奧勒岡（origano），廣泛地用在每道小牛或豬肉菜色中，還有魚料理及魚湯，此外它還是拿坡里披薩的材料之一，這款披薩由麵團、番茄、漬鯷魚和起司烤成，是色彩豐富、分量飽足的農家菜。

茴香（fennel）除了用來搭配鯖魚的醬料之外，在老式的英式料理書籍中也可找到許多用法。普羅旺斯著名的茴香烤魚就是用日照曬乾的茴香細梗鋪成底，上面放海鱸或紅鯔，再拿去燒烤；有一道托斯卡尼雞肉菜色，則是在雞腔內填進粗火腿條和球莖茴香片，再放入鍋中爐烤而成；在佩魯賈（Perugia）則是在乳豬或成豬腹腔內塞入茴香葉和大蒜，而不像義大利其他地方都是用迷迭香；茴香香腸是義大利最好的香腸之一，它是用茴香籽調味的佛羅倫斯薩拉米；如果你喜歡類似大茴香籽（aniseed）的香氣，可以把生茴香切碎加到湯裡，用在冷湯風味尤佳；此外還可加到油醋醬、為米沙拉這類軟綿的食物增添口感，或者加到綜合蔬菜沙拉、魚泥美乃滋、用來煮魚的快速高湯（court-bouillon）、烤魚的填餡料、雞肉沙拉中，以及與巴西利和杜松子混合成烤豬肉醃醬。

龍蒿是法式料理重要的香草；龍蒿煮雞（poulet à l'estragon）和水煮蛋龍蒿軟凍（œufs en gelée à l'estragon）是經典的法式料理；少了龍蒿的貝亞恩醬一點也不道地；做歐姆蛋、醬汁、奶油抹醬和多種烤肉和烤魚時，龍蒿搭上雪維草*（chervil）或巴西利是常用的香草組合。使用龍蒿時，分量必須稍加斟酌，因為它的迷人之處在於獨特及突出的香氣，放太多反而適得其反，少少幾葉就能讓很多菜更有特色，尤其是奶油鰨魚、烤蛋盅、奶油濃湯、海鮮濃湯、燉扇貝和薯泥這類口感細緻的食物，甚至番茄沙拉也適用。在義大利只有西耶納（Siena）附近才看得到龍蒿的蹤跡，通常用來做球形朝鮮薊的填餡，以及幫綠蔬沙拉調味。

任何食譜中香草的用量，都是個人口味的問題，而非一成不變的規定。食譜書對此有鉅細靡遺的建議，然而重點反而是看剛好手上有什麼香草，要調味的是哪一道菜，以及這道菜是否要細煮慢燉帶出充滿香草芳香的醬汁，或者香草是不是用來填塞禽類或肉類再烘烤，使得香氣更為凝聚，又或者香草是不是只煮個一、兩分鐘的雞蛋菜色，甚至只是用來幫沙拉調味或做奶油抹醬，根本不需要開火。香草是新鮮的或乾燥的也值得注意。某些香草（迷迭香、野生馬郁蘭、鼠尾草）含油量極高，乾燥之後香氣會減弱許多。不過除了薄荷以外，幾乎所有的香草乾燥之後會沾染些乾霉味，所以儘管理論上使用乾燥香草會比新鮮的更為方便隨意，事實上恰恰相反。

有些新鮮香草一加熱，香氣很快就散發出來；幾片龍蒿放在滾燙的澄清高湯中，只消二十分鐘就會產生濃烈的香味，但如果是用來幫沙拉調味，所需要的時間就不只這些了。檸檬百里香和馬郁蘭用新鮮的風味較好，或是像做歐姆蛋那樣，稍微加熱一下就起鍋；茴香梗的香氣燉煮後才會散出；羅勒只要配上用橄欖油料理的菜色，無論是煮過的或拌沙拉，都能特別引人垂涎。想要學習香料正確的用量和如何搭配，可以藉由烹調雞蛋菜色、沙拉和湯品來獲取經驗。即使不小心失手放了與建議用量不合的香草，也不是世界末日，這比起讓發霉的乾燥香草味滲入烤雞或昂貴的肉裡好多了。相反地，你可以因此挖掘一些新的美味組合，此外，對於只知道去店裡採購「綜合乾燥香草」的人來說，使用新鮮香草將會是個意外的啟發。與其使用綜合乾燥香草，倒不如用木屑算了。

摘自《夏日美食》，一九五五年

---

*雪維草：與巴西利同屬傘形科，是法國高級料理常用的香草。如果無法取得雪維草，可以用較嫩的扁葉巴西利葉代替。

湯品
SOUPS

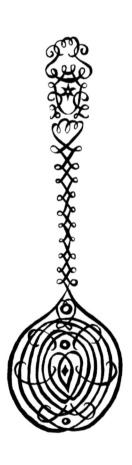

「烹製一盅美味好湯是門藝術，然而許多聰明的廚師並沒有掌握成功的要訣。他們不是搞得整道湯過於複雜，就是等閒視之，把所有的焦點集中在正餐上，因此常會發生湯的品質搭不上其他菜色。無論如何，湯是揭開整套餐的序幕。」

五十年前，希紐布斯夫人（Madame Seignobos）在其著作《如何成為一位廚師》（Comment on forme une cuisinière）寫了上述那段話。她指的可能是受過訓練的廚師，而沒提到那些喜歡亂動食譜的生手。這種生手還會沾沾自喜地說：「我當然沒有照著食譜，我只是想怎麼做就怎麼做，這邊加一點，那邊加一杓……這的確有趣多了。」嗯，對下廚的人來說可能有趣多了，但是對不得不吃他煮的菜的人卻又是另一回事，因為事實上沒有多年下廚經驗的人，很少能夠游刃有餘地即興創作。有天分的人通常也會克制地拋開一時興起的創意，那些總是無法抗拒奇思妙想的人，他們煮出來的菜往往是以讓家人和客人敗興為收場。湯通常就是這類「有創意」的廚師的強項，一鍋看起來稀鬆平常的湯無法彰顯他們的天分，也無法發揮他們所自豪的創作能力。

猶記年少時，當時一位同輩的美食權威給了我忠告，把櫥櫃中所有的食材，包括吃剩的沙拉放進鍋中（沒記錯的話，用剩的醃漬鯡魚也名列其中），加些水，在適當的時機……湯就出現了。我很快從這方法的結果中得知，不能把湯鍋當成垃圾桶。這個領悟對我來說極具啟發。多數人難以理解的是，其一，選擇食材的智慧，無論用料多好，混合多種食材其風味必然互相牴觸，因此即使做出來的湯是既營養且滋補的濃縮精華，嘗起來還是沒有特色。其二，控制畫蛇添足的裝飾，如果完成的湯已臻完美，並且擁有獨特的滋味，就不該再額外添加碎橄欖或一小片香腸丁，甚或一小匙甜椒粉，這些都會破壞整體的和諧。品味是個人內涵的表現。

西班牙冷湯

GAZPACHO

Gazpacho 是著名的西班牙冷湯，小說家泰奧菲爾·戈蒂耶（Théophile Gautier）曾經於一八四〇年遊覽西班牙，日後在他的著作《西班牙之旅》（Un Voyage en Espagne，由凱瑟琳·艾莉森·菲利普斯翻譯）中，與所有法國男人一樣，他懷疑其他國家當地的食物，語帶輕蔑地描述：

「我們的晚餐是最簡單的那種；旅店所有的女侍和男侍都在跳舞，而我們僅有的就是西班牙冷湯。這道湯頗值得一談，更需要把配方公開。把水倒入湯碗，加入數滴醋、幾瓣大蒜、一切為四的洋蔥、一些小黃瓜片、一些甜椒塊、一撮鹽；接著切下幾片麵包，泡入這美妙的混合物中，趁涼上菜。它是安達魯西亞的名菜，美人兒無所畏懼，徹夜一碗接著一碗生吞這地獄之湯。一般人認為西班牙冷湯令人清新振奮，對我來說則是極其草率，神奇的是即使初次見識這道湯，你也會逐漸習慣，甚至喜歡上它。」

現代做法的西班牙冷湯與戈蒂耶所謂地獄之湯大相逕庭，它的基底是切碎的番茄、橄欖油和大蒜，還可加些小黃瓜、黑橄欖、生洋蔥、紅甜椒、香草、切碎的水煮蛋和麵包。麵包要切成丁塊，放在小碟中，並且是與湯分開擺放，而不像他所描述的和其他基本食材混在一起。

把 500 公克去皮的番茄切到幾乎成泥糊，放入大碗。加入少許小黃瓜丁、2 瓣大蒜切成的蒜末、1 根青蔥切成的細薄片、12 顆去核橄欖、幾條青椒絲、3 大匙橄欖油、1 大匙葡萄酒醋、鹽和胡椒。接著撒 1 撮卡宴辣椒粉（cayenne pepper）、切碎的馬郁蘭、薄荷或巴西利。把所有的材料混合均勻，冷藏到上菜之前，加入 300 毫升冰透的開水和數顆全麥麵包丁，撒上碎冰就可出場了。

有些地區把西班牙冷湯直接舀到大長口杯或淺湯碗上菜。

可供四人食用。

豌豆湯

FRESH GREEN PEA SOUP

奶油 30 公克、洋蔥 ½ 顆、火腿 30 公克、去莢豌豆 150 公克、鹽、胡椒、糖、薄荷 1 小枝、熱水、50 毫升鮮奶油、蛋 2 顆、檸檬果汁 1 顆的量、900 毫升小牛或雞高湯。

在鍋裡融化奶油，加入切碎的洋蔥炒軟，但不要炒上色。依序加入切成細條的火腿和豌豆，攪拌至表面全都沾裹奶油。以鹽、胡椒和糖調味，再加入薄荷。注入熱水淹蓋食材，開小火煨煮到豌豆變軟。接著拌入鮮奶油，把鍋子離火。把蛋與檸檬汁混合均勻，加至鍋裡拌勻。把滾燙的高湯倒入鍋裡，邊倒邊攪拌，否則蛋會結成蛋花。煮好就香噴噴地端上桌吧。

可供四人食用。

義式番茄湯

TOMATO SOUP
Minestra di pomidoro

夏天時，這道湯可以事先冰鎮，再配上香熱的烤丁尼（crostini）一起吃。

湯鍋裡倒入少許橄欖油燒熱，加入 750 公克去皮切碎的番茄，開中至小火炒到幾乎融化；加入 1 瓣大蒜末和少許新鮮巴西利或羅勒葉、馬郁蘭，再煮 5 分鐘即可。這個煮法可以濃縮番茄的風味，嘗起來清新可口。

可供四人食用。

黎昂婷的蔬菜湯

VEGETABLE and HERB SOUP
Purée léontine

黎昂婷（Léontine）是我在巴黎所寄宿的法國家庭的年輕廚師，她的食物非常美妙。

韭蔥（leek）1 公斤、橄欖油 110 至 120 毫升、鹽、胡椒、檸檬 1 顆、切碎的嫩菠菜、豌豆和撕成條的萵苣各 1 杯、切碎的巴西利、薄荷和西洋芹各 1 大匙、牛奶。

洗淨韭蔥並切成段。厚底深鍋裡倒入橄欖油燒至微溫，加入韭蔥，並以鹽、胡椒和 ½ 顆檸檬的果汁調味，開小火煨煮大約 20 分鐘。接著加入菠菜、豌豆和萵苣，攪拌 1 至 2 分鐘，加入 1.25 公升的清水，煮到所有蔬菜變軟，大約要 10 分鐘，再倒至濾網，擠壓並過濾湯汁。如果湯汁過濃，可以加些牛奶，嘗一下味道，或許再擠些檸檬汁。最後拌入切碎的巴西利、薄荷和西洋芹，即可上菜。

這道湯是淺綠色，賞心悅目，令人胃口大開。

可供六人食用。

布列斯蘑菇濃湯

MUSHROOM SOUP
Potage aux champignons à la bressane

這道以古法烹煮的蘑菇濃湯，是用麵包來加強湯的濃度，而不是麵粉。它本身的味道頗為細緻，但還是需要用到雞、小牛肉或牛肉熬製的淡味高湯。

不帶硬皮的厚片吐司 1 片、高湯 1 公升、蘑菇 375 公克、奶油 60 公克、大蒜 1 瓣、巴西利、高脂鮮奶油 100 至 125 毫升、鹽、胡椒、肉豆蔻或豆蔻皮*（mace）。

用少許高湯浸潤麵包。以冷水沖洗蘑菇，用濕軟的布巾拭乾並擦去沙礫，直接切成小丁，不用去皮或去梗。在厚底鍋裡融化奶油，把蘑菇炒軟；一旦開始出水，加入少許蒜末、1 大匙切碎的巴西利、少許鹽、現磨胡椒粉、現磨肉豆蔻粉或豆蔻皮粉，讓蘑菇在奶油裡再煮幾分鐘。

接著把麵包擠乾，加入鍋裡攪拌至完全混合。注入高湯，再煮 15 分鐘，或直到蘑菇變得非常軟。把湯倒入食物研磨過濾器（mouli），先用粗孔濾網磨碎，再用細孔濾網壓篩，或者就用電動攪拌器打碎。蘑菇湯的口感通常不會太細滑，多多少少會帶些顆粒。把絞碎的蘑菇倒回已洗淨的厚底鍋加熱，再加入事先煮滾的鮮奶油和 1 大匙切得極細碎的巴西利即完成。

可供四人食用。

* 豆蔻皮見第 33 頁譯註。

菊芋湯

JERUSALEM ARTICHOKE SOUP
Potage de topinambours à la provençale

把 1 公斤菊芋*（Jerusalem artichokes）切得極碎，放進 1.8 公升以鹽調味的清水煮熟。將其過篩成糊，再倒回鍋裡重新加熱，邊煮邊緩緩倒入 300 毫升牛奶。

把 2 顆番茄切碎、1 瓣大蒜切末、1 小截西洋芹切碎和 1 枝巴西利切碎備用。在小煎鍋中倒入 2 大匙橄欖油燒熱，把上述備料和 2 大匙火腿丁或培根丁炒 1 至 2 分鐘。把炒好的番茄配料連同油脂倒至菊芋湯裡，一熱就上菜。

可供四人食用。

---

* 菊芋：屬菊科，一般稱其耶路撒冷朝鮮薊，其實與耶路撒冷和朝鮮薊並沒有關係，名字的起源完全是發音的誤會。也有人稱之為洋薑，但它與薑相隔十萬八千里，卻因俗稱常被誤用。菊芋最早為美洲原住民種植，經過歐洲探險家的引進，一躍成為歐美的家常蔬菜。它富含各類營養素，尤其可調節血糖，目前被視為健康食材。

梅內爾伯櫛瓜湯

COURGETTE and TOMATO SOUP
Soupe menerboise

櫛瓜 250 公克、鹽、橄欖油、洋蔥 2 顆、番茄 500 公克、馬鈴薯 2 小顆、去莢去膜蠶豆 1 把、湯用義大利麵 45 公克、胡椒、大蒜 3 瓣、新鮮巴西利 1 小束、蛋黃 2 枚和磨碎的帕馬森起司 2 大匙。

櫛瓜切成方塊，撒些鹽，放入濾鍋靜置 1 小時，瀝掉滲出的水分。在陶鍋裡加熱 5 大匙橄欖油，加入切片的洋蔥，開最小火炒軟，小心不要炒上色。加入櫛瓜，也是慢慢炒至軟爛，大約 10 分鐘，然後加入 2 小顆略切的番茄。待鍋裡材料全部變軟，加入馬鈴薯丁，並注入 1.25 公升的熱水煨煮 10 分鐘，直到馬鈴薯幾乎煮熟。接著加入蠶豆和義大利麵，以鹽和胡椒調味。

抓空檔把剩餘的番茄略烤，撕去外皮；把大蒜丟入研磨缽搗成泥，接著依序加入番茄和羅勒，最後邊磨邊加入蛋黃，磨成的醬汁質地像稀釋的美乃滋。待義大利麵煮熟，舀 1 杓湯到研磨缽拌勻，再加 1 杓稀釋。把稀釋好的醬汁倒回鍋裡，開小火加熱，要持續攪拌以免把蛋液煮成蛋花。最後加入帕馬森起司拌勻即可。

這道湯豐盛滿足，可供四至六人食用。

香料扁豆湯
SPICED LENTIL SOUP

這道湯頗令人玩味，它極富東方風味，做法簡單，花費又少，是可以隨喜好變化多種版本的療癒食物。

基本食材是普通紅扁豆 125 公克和西洋芹 2 支。以下則是可以更動的食材，橄欖油或奶油、洋蔥 1 小顆、大蒜 2 瓣、清水或高湯、小茴香籽（cumin seeds）2 小匙（全顆或是磨成粉都可）、肉桂粉 1 小匙、檸檬汁、巴西利或乾燥薄荷、鹽。

在容量不超過 3 公升的湯鍋、深湯鍋或陶製燉鍋，燒熱 6 大匙澄清奶油，亦可用酥油 * （ghee）、淡橄欖油或 45 公克的普通奶油，加入切碎的洋蔥，以小火炒軟。加入香料攪拌，待香味飄出，加入拍扁的大蒜、扁豆——沒必要事先浸泡——和洗淨並切成 5 公分長段的西洋芹。

拌炒扁豆，使表面沾滿油脂，注入 1.5 公升的清水或高湯，高湯可以是由羊、小牛、豬、牛、雞、火雞或鴨熬製而成。這時暫不加鹽。蓋上鍋蓋，以小火煨煮 30 分鐘。接著撒 2 小匙或適量的鹽，以及香料粉，再煮 15 分鐘。這時扁豆已經完全熟軟，倒入食物研磨過濾器磨成泥，或用電動攪拌器打成泥。我屬意前者。

把打成泥的扁豆倒回乾淨的湯鍋加熱，嘗一下味道，適量調味——或許需要多些小茴香籽粉或卡宴辣椒粉——再拌入 1 或 2 大匙切碎的巴西利，或少許乾燥薄荷。最後擠入大量的檸檬汁，即可端上桌。

可供四至六人食用。

香料扁豆湯變化版

用 1 小匙的印度什香粉（garam masala）和 1 小匙整顆小茴香籽代替肉桂和小茴香籽——印度什香粉所含的小豆蔻（cardamom）改變了整體風味。如果你不介意湯汁夾帶顆粒，甚至不需要壓篩或絞打扁豆，用木匙或打蛋器攪拌即可。因此就只要先用 900 毫升的清水把扁豆煮得軟爛，然後加入高湯即可。

可供四至六人食用。

* 酥油：即印度式的澄清奶油，製造的方式比澄清奶油多了一個步驟——繼續加熱分離出油脂與乳固形物，因此帶有堅果的香氣，風味也更有深度。如果食譜裡要求使用酥油，一般來說可以用澄清奶油代替。

貽貝湯

MUSSEL SOUP
Zuppa di cozze

這只是眾多貽貝湯做法之一。你可以加入其他甲貝類一起煮，比如明蝦，每人約 2 至 3 尾，不過必須是新鮮的，並且開背後才可丟入湯裡。

橄欖油、洋蔥 1 顆、西洋芹、大蒜、新鮮馬郁蘭、百里香或羅勒、胡椒粉、番茄 1 公斤、白酒、貽貝 3 公升容量、巴西利、檸檬皮絲、麵包。

深鍋裡倒入蓋滿鍋底的橄欖油加熱，加入切成細薄片的洋蔥炒上色。加入 1 大匙切碎的西洋芹、3 瓣大蒜末、少許馬郁蘭（百里香或羅勒亦可）和黑胡椒粉（不用加鹽）炒 1 或 2 分鐘。接著加入去皮並切成片的番茄燜煮 3 或 4 分鐘，倒入 125 毫升的白酒滾煮 2 分鐘，然後蓋上鍋蓋，轉小火。

待番茄煮到軟爛幾乎成泥，倒入 220 至 240 毫升的熱水拌勻，質地要像濃湯一樣，接著再煮數分鐘，湯底至此完成。這個湯底可以事先做好備用。

最後的步驟要在上菜前完成。把準備好的湯底加熱，加入洗淨並扯掉貝鬚的貽貝，煮到殼打開，大約 10 至 12 分鐘，熄火前撒些切碎的巴西利和 1 小撮檸檬皮絲。上菜時為每人準備 3 或 4 片香烘法國麵包，並在桌上擺一只大碗裝貽貝空殼。

可供四人食用。

英式溫存，法國美食

CONFORT ANGLAIS, FRENCH FARE

　　法式美食與眾不同之處在於，你不用受限於落腳的旅館所提供的餐飲，可以購買食材自行烹調，宛如居家一般。一九八四年初，我與友人向另一位共同認識的朋友租賃位於法國西南部于澤斯（Uzès）一棟迷人的村屋。這裡有挑高的天花板、高懸的窗戶、舒適的臥房、令人感恩的熱水、中央暖氣、簡單適宜的家具、良好的採光，還有寬敞的廚房。電熱壺隨處可見，屋內堆滿可供閱讀的書籍，包括有用的地圖和旅遊導覽。整棟小屋最迷人之處是它融合法式傳統建築與現代但不過於前衛的英式風情。

　　從小屋步行兩分鐘即可見到小城鎮中的賭場和規模適中的商場，陳設的商品有限，不過商場的營運倒是挺正常，每天營業時間頗長，日常所需一應俱全，從奶油到燈泡、礦泉水到衛生紙、可供選擇的葡萄酒、烈酒和利口酒、充足的起司、蔬果和沙拉材料。馬路對面是食品商店，有肉攤、熟食店、蔬菜攤、市場以及里昂證券（Crédit Lyonnais）。距離小屋三戶之處是一家小巧的烘焙坊，每週有六天供應新鮮出爐的麵包，法式長棍麵包和白吐司則天天都有；店裡有四或五種不同口味的全麥麵包，包括裸麥和有機麵包，法國的吐司由有機全麥麵粉做成，這比英國健康食材店販售的還要優質。除此之外，烘焙店還展示令人無法抗拒的外帶食物，包括焗鹽鱈泥包餡的三角酥、本地產的奶油鹽鱈泥，以及擺在長方形鐵盤烘烤再分片出售的老派普羅旺斯皮沙拉捷（pissaladière）。時至今日，世人忘記後者的原名，而稱之為披薩，並且跟顧客說它是義大利食物，而事實上，它起源於比義大利還要近的馬賽。一九三九年大戰之前，我住在一艘綁在馬賽舊港繫纜樁的船上，我習慣每天早上上岸，沿著一條狹窄的小巷前往烘焙坊選購剛出爐的皮沙拉捷。在于澤斯再度碰上填滿漬鯷魚和番茄醬的皮沙拉捷令我倍覺恩賜，它到小屋的距離甚至比馬賽的烘焙坊到我住的小船還要方便。

每個星期六是于澤斯的市集日。我二月時在那邊停留，並不是農產品盛產的時段，我在那裡的第一個星期六正值西北風肆虐，甚至無法在風中站穩。即使頑固的攤販也顫抖著火速收拾攤位，爬進貨車裡尋求庇護。即使這樣的日子，我們還是可以買到各式各樣的蔬菜和沙拉材料。跟以往在法國的情形一樣，最大的樂趣就是可以買到質地綿密的馬鈴薯。甚至在蕭條的二月，還是可看到帶有暗銅色斑點、個頭小巧的圓形捲葉萵苣、裝成袋的沙拉用嫩葉和蔬菜、蓬鬆的莙蓬菜、帶葉的朝鮮薊、可煮美味好湯的長號形南瓜、肥厚的紅甜椒、剛下的蛋、八至九種裝在盆中或桶裡的橄欖、裝瓶或在蜂巢裡顏色深淺不一的固態或液態蜂蜜，以及金色塊狀的蜂蜜皂、五顏六色的新鮮花束，包括鬱金香、暗紫色的銀蓮花和萬壽菊。接下來是起司、起司、更多的起司。其中有當地生產的山羊奶起司，稱之為皮拉登起司（pélardon），是一種扁圓形的小塊起司，有多種不同階段熟成的成品可供選購。「你想要現吃，還是想放個幾天？」「你想要烘香或烤軟？還是想用炙燒的方式？」「那就試試風輪草起司（magnane à la sarriette），它也是山羊奶製成的，散發出風輪草的香氣，在普羅旺斯隆河兩岸稱風輪草為驢辣椒（poivre d'âne）。」「或者，聖馬爾瑟蘭起司（St Marcellin）如何？綿羊奶起司呢？」「它們都是我手工做的。」起司攤的女士這麼說。我們買了兩款起司。它們嘗起來美味極了，不過卻貴得不得了，懂得品嘗洛克福起司（Roquefort）的人都知道。

由於綿羊奶產量小，每一次只能擠出 ½ 公升的羊奶，相較之下綿羊奶製成的起司簡直奢華。于澤斯離著名的洛克福起司產地不遠，在市集內另一個起司攤位，有二到三個等級可供選擇。短短兩、三分鐘就花了 7 英鎊，帕馬森起司或格魯耶爾起司（Gruyère）根本還沒買，這是要刨在從山羊起司攤買來的方餃上。這些方餃相當小，填塞巴西利和康堤起司（Comté）——它與格魯耶爾起司相似，產自法蘭琪—康堤（Franche Comté）。起司攤的女士交代我們煮一分鐘就好，這是她從隆河對岸德隆省（Drôme），靠近羅芒（Romans）的羅揚（Royans）引進來販售，是當地流傳已久的特產美食。

我們買到扛不動為止，也幾乎完成當日的採購。不過我們又花了 1 英鎊向山羊起司攤的女士買了她其中一項手作商品，她稱之為奶油餡餅（tourte à la crème）或油餅（tourteau）。它是一款輕盈蓬鬆的圓形酵母餅，看起來像特大號的圓麵包，中間有一層微甜的奶油起司餡，而頂部有一個焦黑的標記。山羊起司攤的女士說，那是依循傳統故意燒黑的。

由此可見，午餐將是享用戰利品的盛宴。紅甜椒用鐵插穿刺，表皮在爐上炙烤成如油餅頂部一般的黑印。再把皮剝除，將甜椒切成長條，澆上橄欖油拌勻。這款優質橄欖油是從豐特維耶（Fontvieille）城外的貝達爾里代鎮（Bédarrides），跟達哈斯孔（Tarascon）路上的一家小油坊直接買來的。接著在上頭撒巴西利細末和蒜末，暫放一旁，讓醬料的滋味彼此融合。品嘗甜椒之前，我們先吃了依照指示煮一分鐘的熱方餃。我們用很好的雞高湯煮方餃，先將前幾天購入用玉米餵養長大的雞做成烤雞，再用吃剩的雞架熬製雞高湯。

我們用風輪草起司和小巧香滑的聖馬爾瑟蘭起司搭配帶脆皮的新鮮全麥麵包，外加一大塊充滿奶香的油餅與咖啡，對於此處有這麼多食物選擇，我們發出這一週的第二十次驚嘆。肉糜抹醬與糜凍、裝成一大瓶的新鮮魚高湯、鑲填好隨時可供烘烤的兔肉、優質的香腸與肉丸、隆河河谷盛產的各類蔬菜和莙薘菜、切割得漂亮又誘人的羔羊肉和牛肉、烘焙坊裡所有香氣四溢的麵包和糕點、真正新鮮的雞蛋（某家攤販甚至為置放三天的雞蛋致歉），這一切都恰如其分地讓每頓飯好似上天的恩寵，而備餐時一點都不費工夫。放眼有多少個居民不超過七千五百人的小城鎮，在市集日有大約七十種起司可供選擇？其中至少六十五種法國起司，其他則來自義大利、瑞士或荷蘭。

我必須補充一點，勞倫斯‧杜里爾（Lawrence Durrell）住在離此地不遠之處，不過我有好一陣子沒見到他，多年前，大約一九五〇年，我們在尼姆（Nîmes）巧遇，我憤怒地向他抱怨當地的食物，發誓永遠不會重訪。當時那個區域的確很貧窮，而時至今日，遊客、僑民、有企圖心的酒農、高速公路使它繁榮起來。嗯，我決定收回之前說過的話。

摘自《歐姆蛋與葡萄酒》，一九八四年，一九八六年二月修訂

雞 蛋
EGGS

「世人估計法國料理中有六百八十五種雞蛋菜餚；我希望我們這六種雞蛋食譜足供英國人所用。」威廉‧基奇納博士（Doctor William Kitchiner）在他於一八二一年出版的著作《廚師的預言》（The Cook's Oracle）如是說。而他所言足以證實他是個自以為是的傢伙。我再怎樣也無法想像，如果海峽對岸距離我們二十一英里的鄰居能夠有六百八十五種烹煮雞蛋的方式，為何我們只能有六種。六種食譜的確涵蓋舉世常見的基礎雞蛋料理，不過有個重點基奇納博士倒沒有說錯，在學會其他六百七十九種雞蛋料理之前，要先搞懂最基礎的六種。

「備好十二顆新鮮水波蛋，」食譜這樣寫著，接著你手打顫地翻到下一頁。預料無法一次就成功而準備額外的雞蛋，因此原本預計的十二顆很可能變成二十顆，你的廚房將成為蛋殼的陳屍處，並且「蛋」流成河。或者「剝除八顆水煮蛋」指令如是說，「每一顆分別置於派盒，再刷上荷蘭醬。每顆蛋的周圍澆上肉汁，並放入小燒烤機烘成棕色。」這時開始有人同意基奇納博士的論調，因為這類複雜的菜色並不適合家庭主婦操作啊！

事實上，還是有許多簡單的美味雞蛋料理可以在家自行製作。花時間不斷練習，完成數枚成功的水波蛋絕對可行；不管那些嘮叨叮嚀，也不要用笨重的煎鍋，歐姆蛋輕輕鬆鬆就可上手。

雞蛋無論本身或是加上其他食材都可成為佳餚，比如阿爾薩斯的洋蔥塔、用鮮奶油和培根配上不同的起司做成洛林奇許派，蛋、馬鈴薯及鮮奶油，以及法國各省的熱塔派都是最美味的前菜或簡餐。但是也不能就這麼斷言它們都是輕食。蛋，特別是與起司或鮮奶油一起煮的時候非常經飽，因此用餐時，前菜是洋蔥塔或甜椒炒蛋，就不要選太過油膩的主菜，醬汁當然也不能有蛋汁或鮮奶油。雞蛋料理擁有某種優雅清新的氣息，以及與其他食物截然不同的誘惑力，如果具備正確烹調的技巧，在適當的場合上菜，可說是至高享受。

普羅旺斯陶盤烘蛋

TIAN with SPINACH and POTATOES

這道陶盤烘蛋是普羅旺斯式鄉村菜色之一，書中所列的這道是我個人的配方，比一般的做法更為簡單。陶盤烘蛋的名稱源自烹煮時把食材放入陶製的圓盤中，需要的食材極富變化性，並且隨著個人、家庭或地區的飲食習慣而有所不同。

綠蔬和蛋是基本食材。番茄幾乎是必備的，而米飯和馬鈴薯則經常可見。成品像西班牙馬鈴薯烘蛋餅或義式烘蛋，充作野餐菜色時通常是冷食，或者當夏日午餐的前菜——整餐只吃這一道也可以。

混合烘蛋所有材料時，最好是先把蔬菜煮熟才加入蛋液裡，蛋糊一拌好就盡快倒入陶盤，再迅速移到烤箱烘烤。這點非常重要，因為蛋糊在陶盤放過久的話，蔬菜會沉在底部，烘蛋就會變成壁壘分明的雙層，而不是分布均勻的大理石紋路。

煮熟的帶皮馬鈴薯 250 至 350 公克、橄欖油、鹽、胡椒、新鮮嫩菠菜 500 公克、蛋 5 或 6 顆、刨碎的起司 2 或 3 大匙、大蒜、漬鰻魚魚片。

馬鈴薯去皮，切成小丁，連同 2 大匙橄欖油放入直徑 20.5 公分的陶盤，以鹽和胡椒調味。不加鍋蓋，放進預熱好的烤箱，以攝氏 150 度（瓦斯烤爐刻度 2）烘烤，趁此時處理菠菜。菠菜洗淨，用少許水把菠菜燙軟，以鹽稍加調味，瀝乾並擠去多餘的水分。把菠菜略切，喜歡的話就加入少許蒜末，再加入 6 片撕碎的鰻魚魚片攪拌均勻。把蛋打勻並與起司混合，拌入鰻魚、菠菜和馬鈴薯。

把混合好的材料倒至原本裝馬鈴薯丁的陶盤，淋些橄欖油，不加鍋蓋，重入烤箱。烤箱溫度調至攝氏 190 度（瓦斯烤爐刻度 5），烘烤 25 至 30 分鐘，直到烤熟並且均勻地膨高。

你可以撒些松子一起烘烤，會更好吃又有特色。而馬鈴薯可以用米飯代替，這個尺寸的陶盤大約要用到 100 公克生米煮成的飯。

可供四人食用。

櫛瓜陶盤烘蛋

TIAN of COURGETTES

千萬不要被這道食譜的長度嚇到，一旦掌握要點——其實一點也不難——你就會發現挖掘了至少三道新菜色，並且也學到處理櫛瓜的手法。

食譜的分量應該是四人份，不過我故意不把比例標示清楚，這是因為陶盤烘蛋基本上是依據你手上的材料而定，有什麼就煮什麼。舉例來說，假設你只有 250 公克櫛瓜，就用 4 大匙的米飯或者等量的熟馬鈴薯丁來補足。

櫛瓜 500 公克、鹽、新鮮番茄 750 公克（或 500 公克新鮮番茄配上 1 罐義大利去皮番茄罐頭的果肉及茄汁）、洋蔥 1 小顆、大蒜 2 瓣、當季新鮮羅勒（冬季時則用乾燥馬郁蘭或龍蒿）、蛋 4 大顆、刨碎的帕馬森起司或格魯耶爾起司 3 大匙、略切的巴西利 1 把、現磨胡椒粉、肉豆蔻粉。另備奶油和橄欖油炒櫛瓜和番茄。

櫛瓜洗淨，削去有斑點或破損的皮，其他則不去皮。縱向對切成 4 等份，再切成 1 公分的丁塊。放入厚底平底鍋或上搪瓷釉的鑄鐵煎鍋或烤盤，撒鹽，不加任何油脂，以最小火加熱。注意櫛瓜的狀況，當櫛瓜受熱釋放水分，用鍋鏟翻面，丟入 30 公克奶油和 1 至 2 大匙橄欖油。蓋上鍋蓋，直到櫛瓜煮軟。

趁空檔處理番茄。在蕃茄上澆熱水，把皮燙破後去皮，略切大塊。洋蔥去皮切碎。在煎鍋裡燒熱少許橄欖油或奶油，把洋蔥炒軟，但不要炒上色。加入番茄續炒，稍加調味，再加入去皮並拍扁的大蒜，不加鍋蓋，以小火炒到水分幾乎蒸發。接著加入罐頭番茄和茄汁——這會使成品顏色較紅潤，醬汁嘗起來也較清甜。撒上選用的香草，煮到湯汁幾乎收乾。

把櫛瓜與炒番茄合併，倒到已抹了奶油或橄欖油的陶製焗烤盤。食譜所列的食材需要用到直徑約 18 公分、高度為 5 公分的陶盤。

蓋上陶盤的蓋子，沒有的話就用平盤加蓋，放進預熱好的烤箱，以攝氏 170 度（瓦斯烤爐刻度 3）烤大約 30 分鐘，直到櫛瓜熟軟。

計算好時間，處理蛋液的部分。把蛋打散，加入起司拌勻，並且調味——別忘了肉豆蔻和巴西利。

把蛋液和蔬菜充分混合，烤箱的溫度調高至攝氏 180 至 190 度（瓦斯烤爐刻度 4 或 5），把陶盤放進烤箱烤到蛋液凝固並且膨脹，表層則開始轉為棕色。這大概需要 15 至 25 分鐘，時間依容器的深淺、蔬菜的密度以及雞蛋的鮮度等等而定。

若想要吃冷的烘蛋，就讓烘蛋在陶盤裡放涼再移到上菜盤或平盤。它看起來會像是漂亮的蛋糕般蓬鬆濕潤。要上菜時才切成角塊，它的內層看起來像淡綠及乳黃的鑲貼，點綴著深綠色的巴西利以及金紅色的番茄。

要把這道烘蛋做成野餐食物時，直接放在陶盤或裝在上菜盤都可以。無論如何都要用防油紙封緊烘蛋，再蓋上另一個平盤，然後用乾淨的白布巾把整個組合包起，打個迪克‧惠廷頓（Dick Whittington）式的蝴蝶結。

可供四人食用。

歐姆蛋

OMELETTES

人人都知道，世界上只有一種方法可以毫不出差錯地做出完美的歐姆蛋：自己的那一種。這說法的確有道理，一道成功的菜色通常是透過食譜或專業廚師，用各種不同的手法完成，但是一提到歐姆蛋，專業或業餘廚師便各持己見，爭論不休。這些論戰永遠無法說服對方改用不同的方法，所以，如果你認為自己的做法最棒，那就堅持下去，至於其他人，就隨他們繼續使用那些你認為天馬行空、頑固不化的做法吧。

針對還在摸索階段的人，我歸納出幾個容易失敗的原因，即使你的櫥櫃供著二十年未曾沾水的骨董煎鍋，還是可以一試。

第一個常犯的錯誤是打蛋打得太猛烈。事實上根本不需要「打」蛋，就只要用兩支叉子穩穩地攪拌幾下即可。第二，提及「歐姆蛋」這個令人垂涎的字眼，總令人聯想到簡單與新鮮，要達此目標，別忘了蛋是主角，餡料是其次，它與蛋相較之下，只能占極小的比例。煎好的歐姆蛋，餡料應該是少量地包在蛋捲中央，而不是多到滿出來；它在兩種味道與口感中占次要角色，你必須先嘗到外層和兩端用奶油煎過的純粹蛋香，然後才是絲滑鬆軟，摻雜起司或火腿、蘑菇或新鮮香料的內層。

提到鍋具，直徑 25 公分的煎鍋配上 3 至 4 顆蛋可以做出一份歐姆蛋。準備入鍋前才打蛋，如前面提的重點，用兩支叉子輕輕攪拌，以少許鹽和胡椒調味。先熱鍋，但不要太燙。開始煎的時候把火力轉到最大，放入 15 公克奶油，奶油一融化，幾乎要變色時，倒入蛋液。再加入適量的餡料，剛好混入蛋液中。把鍋子朝向身體微傾，用叉子或橡皮刮刀把遠端的蛋液往中間撥集中些。接著把鍋子傾向另一邊，讓還沒凝固的蛋液流到剛剛撥出來的空間。

當歐姆蛋表層還留有少許沒有凝固的蛋汁時，就可準備起鍋。用叉子或抹刀把歐姆蛋摺成三分之一，再斜拿鍋子，把歐姆蛋滑入備用的盤子。盤子要事先溫過，但不要過熱，否則會把歐姆蛋加熱至過熟。

做歐姆蛋不要小題大作，最大的通病就是放入太多及太過精緻的餡料，像鵝肝醬或奶油醬汁龍蝦這類食材就很不恰當。事實上，適中是歐姆蛋的重點。醬汁及其他裝飾都是多餘的，上菜時放少許奶油在微溫的盤子上或歐姆蛋上融化並不為過。

香草歐姆蛋

OMELETTE with HERBS
Omelette fines herbes

準備 1 大匙由切碎的巴西利、龍蒿、細香蔥（chives）混合而成的綜合香草，若有雪維草*（chervil）也不錯。把一半分量的綜合香草與鹽、胡椒和蛋放入碗裡混合，剩下的綜合香草待蛋液入鍋才加入。喜歡的話，上菜時可在歐姆蛋上擺 1 顆奶油球。

* 雪維草見第 43 頁譯註。

番茄歐姆蛋

TOMATO OMELETTE
Omelette à la tomate

把 1 顆番茄去皮切碎，用奶油拌炒，時間不超過 1 分鐘，並以鹽和胡椒調味。再將番茄加入已在另一鍋中的蛋液。

培根歐姆蛋

BACON OMELETTE
Omelette au lard

1 大匙培根丁不加油炒 1 分鐘，再加入已在另一鍋中的蛋液；培根有鹹度，撒鹽時要注意。

可供一人食用。

西班牙馬鈴薯烘蛋餅

SPANISH OMELETTE
Tortilla

西班牙馬鈴薯烘蛋餅是厚實而沒有摺疊的歐姆蛋，材料只有蛋、馬鈴薯和調味料。它所使用的油脂是橄欖油，成品口感緊實，外觀則像蛋糕，冷食或溫著吃都可以，當野餐菜色也很受歡迎，尤其駕車旅行時。一份大型的西班牙馬鈴薯烘蛋餅擺上三天口感都還會很濕潤。

這道食譜以筆記的型式書寫，是因為有次村裡的女孩璜妮塔（Juanita）在攝影師安東尼·丹尼（Anthony Denney）位於阿利坎特省（Alicante）的家裡，為他示範這道烘蛋餅，當時我一邊觀摩一邊記錄下來。比起常規的食譜編排，這樣的方式更能生動地傳達製作烘蛋餅的要點，我如此沿用，未曾更動，就只是把馬鈴薯煮得比璜妮塔的再鬆軟些──她向來不是有耐心的女孩。

大約 500 公克馬鈴薯配 4 顆蛋。所用的鍋子直徑約 22 至 24 公分。

馬鈴薯去皮切成小塊，放入大量冷水裡浸泡，類似製作「多菲內焗烤馬鈴薯」的方式（見第 147 頁）。

淺陶盤直接放煤氣爐上，把橄欖油燒熱（她燒到冒煙），加入馬鈴薯塊。加入切碎的大蒜。不斷攪拌，並用扁平的鐵鏟把馬鈴薯壓扁。撒鹽。最後馬鈴薯幾乎結成一整塊。如果有還太大的馬鈴薯塊，她就用鐵鏟分切成小塊。

她在碗裡打蛋，澆到馬鈴薯上（已經盛到另一只碗裡稍微放涼）充分混合。在鐵製平底鍋裡把油燒到冒煙，倒入馬鈴薯蛋糊。蛋會膨脹。她左手拿著深盤，把烘蛋餅倒扣至盤上，再滑入鍋裡。如此重複一次（有時候會重複兩次，取決於她是否滿意烘蛋餅的外型）。

可供四至六人食用。

重點提示：
1. 煎馬鈴薯時，我還是跟璜妮塔一樣，使用西班牙製的陶盤直火加熱，不過，普通的煎鍋也很合用。
2. 她所使用的帶長柄圓形壓板，是西班牙特有的廚房用具，主要用於煮鍋飯（paella）時翻動鍋裡的米粒和食材。我用薄型的木匙或抹刀代替。
3. 做馬鈴薯烘蛋餅時，一定要用非常新鮮的蛋，放久的蛋不會膨脹，會使你做出扁平的烘蛋餅。

烤蛋盅

BAKED EGGS
Œufs en cocotte

在數個耐熱的單人份陶瓷製小烤盅內層抹足量的奶油，每人 1 顆蛋，並把蛋分別打入小碟備用。烤盅放進預熱好的烤箱，以攝氏 190 度（瓦斯烤爐刻度 5）烘烤，奶油一融化就取出，每一盅倒入 1 顆蛋，澆上 1 大匙鮮奶油，盡量不要遮住蛋黃，重入烤箱。大約烤上 4 至 5 分鐘，放烤箱上層的烤盅要少烤 30 秒左右。

烘烤的時間要注意，烤太久會使蛋黃過硬，整道菜就毀了，因此要保持警覺，時間一到就把蛋盅從烤箱移出。

摸透自己烤箱的脾性是搞定這道菜的關鍵。準備過程不撒鹽和胡椒，食用時才加，不過剛出爐時撒些切碎的新鮮龍蒿倒是可以接受。

Françoise Sagan   Les violons parfois

水波蛋

POACHED EGGS

《廚師的預言》（The Cook's Oracle，一八二九年）作者基奇納博士（Dr Kitchiner）提及水波蛋：

> 「想要展現煮水波蛋技術的廚師必須有能力判斷生下來數天的蛋，小心不要購買新生、還呈
> 乳狀的蛋，用這種蛋來煮的話，很少有人能得到『水波蛋之王』美譽。不過，蛋還是要新鮮，
> 否則也不可能煮出成功的水波蛋。
> 水波蛋之美在於蛋黃透過蛋白若隱若現——蛋白煮到恰好凝結，好似半透明的面紗。
> 我煮水波蛋的方式是從白金漢郡女子機構所出版的烹飪書籍學來的，並且親自驗證過。」

首先用小湯鍋把水煮滾，把蛋連殼沉入水裡煮，數到大約三十，立刻舀出。真正要煮水波蛋時，
把一鍋清水煮滾，加入 2 小匙的醋，快速攪拌滾水形成漩渦。一次打入 1 顆蛋，每顆煮 1 至 1.5
分鐘，再小心地用漏杓舀出。蛋會是圓形，覆蓋蛋黃表層的蛋白像一層「半透明的面紗」，而不
是一般常見破破爛爛的樣子。此外，坊間所謂「水波蛋專用鍋」只會把蛋煮成過熟的水煮蛋，少
用為妙。

值得注意的是，基奇納博士建議讀者把水波蛋放在「只烤一面」的麵包上吃。他說的還真是有道
理，我就從來沒想過濕爛的麵包有什麼好的……

請試試看把水波蛋擺在一片抹了奶油的新鮮麵包上，也可以放在豌豆仁、玉米粒或炒蘑菇上，
再搭配幾片煎香的麵包片一起吃，不過這回的麵包是放蛋旁邊，而不是襯在底下。

巴斯克甜椒炒蛋

PIPÉRADE

燉甜椒是著名的巴斯克菜，各種不同的做法遍及英文烹飪書。做法是把甜椒、番茄和洋蔥煮得滋味融合，最後再加入蛋；成品是口感滑順的蔬菜風味炒蛋，而甜椒的香滋則較為凸顯。有些版本是把洋蔥、番茄和甜椒炒成菜泥，上頭覆蓋一顆煎蛋，有的則是做成歐姆蛋。炒蛋的做法是最典型的巴斯克甜椒蛋。

豬油脂或橄欖油、洋蔥 500 公克、紅甜椒 3 大顆或綠甜椒 6 小顆、番茄 500 公克、鹽、胡椒、馬郁蘭、蛋 6 顆。

在厚實的煎鍋或炒鍋裡把豬油脂融化（這道菜可用橄欖油，不過豬油脂甚至培根的油脂更適合）。放入切成薄片的洋蔥，開中至小火炒到變成金黃色，但不要變黑。加入切成細條的甜椒炒軟，再加入切碎的番茄，以鹽、現磨胡椒粉和少許馬郁蘭調味。蓋上鍋蓋，轉小火煨煮。

當蔬菜幾乎變成菜泥，倒入打勻的蛋液，以平常炒蛋的方式輕輕攪拌。注意不要炒過老。

巴斯克甜椒蛋通常與切成薄片的拜庸納生火腿（Jambon de Bayonne）一起吃，這款名聞遐邇的火腿其實大部分產於貝亞恩省（Béarn）的奧爾泰茲市（Orthez）。

如同義大利醃肉之於義大利料理一樣，拜庸納生火腿賦予巴斯克和貝亞恩的燉蹄膀（garbures）或燉牛肉（daubes）曼妙的滋味。烤小牛肉串也經常與巴斯克甜椒蛋一起上菜，是絕佳的組合。

可供四人食用。

突尼西亞蔬菜煮蛋

CHATCHOUKA

這道雞蛋料理是突尼西亞菜色，可依照時令季節選用各式各樣的蔬菜烹煮——朝鮮薊、蠶豆、胡蘿蔔、豌豆等等。用番茄和甜椒做的話，是很受歡迎的夏日輕食。有些做法是炒甜椒時加入少許切碎或絞碎的雞、豬或牛肉，有的則是洋蔥與肉一起炒，而有時候則把材料裝入單份陶製蛋盅烹煮。

綠甜椒 6 小顆、奶油或橄欖油、番茄 8 顆、鹽、胡椒、蛋 4 顆。

甜椒去芯及籽囊，切成細條。在淺陶鍋裡加熱少許油或奶油，放入甜椒煨煮，待甜椒半軟，加入整顆番茄續煮，並以鹽和胡椒調味。當番茄煮到變軟，打入蛋，維持全蛋，蓋上鍋蓋，把蛋煮熟。整鍋端上桌享用。

可供四人食用。

洛林奇許派

QUICHE LORRAINE

如同其他由來已久的地方特色菜，奇許派隨著時間廣為流傳，成為不僅原產地甚至全國各地都會做的菜色，也因此有各種不同的變化版本。奇許派隨著地區的不同有各種稱呼，比如galette、fiouse、tourte、flon 和 flan，它原本是一款扁平有開口的填餡塔，與皮沙拉捷和拿坡里的披薩一樣，是用麵包麵團做的底。填餡料隨著地域及時間產生極大的變化，從紫色的甜李或金色的小黃李到鹹味洋蔥、切碎的豬肉或小牛肉、鮮奶油罌粟籽、培根奶油起司、鮮奶油起司，麵皮更不遑多讓，漸漸由塔派麵團取代麵包麵團。根據餡料不同，塔派會有蜜李奇許派、洋蔥奇許派等等不同的稱呼。眾所周知的洛林奇許派的餡料含有燻培根、鮮奶油和蛋。而現代的巴黎人和英國人常會加入格魯耶爾起司，不過洛林人會告訴你這並不是可以追溯到十六世紀的正宗洛林奇許派。

派皮材料：奶油 60 公克、中筋麵粉 125 公克（過篩）、鹽、蛋 1 顆、清水。

鹹味布丁餡材料：薄片五花培根 6 片、300 毫升高脂鮮奶油、蛋黃 3 枚、全蛋 1 顆、鹽、胡椒。

奶油切成小丁，用指尖把奶油搓入過篩的麵粉，邊搓邊加入 1 撮鹽。接著打入蛋，輕輕揉成團。揉製過程中要以少許清水（2 至 4 大匙）調整麵團狀態，讓麵團變得柔軟，但完成的麵團仍要緊實乾爽，才能輕鬆地從碗裡或工作檯上取出。把麵團大致揉成球形，用防油紙包起來，靜置鬆弛至少 2 小時。製作時把麵團擀成 0.3 公分的厚度，鋪到直徑 20 公分的塔派用模，再用叉子在麵皮上戳洞放置備用。

烤箱預熱至攝氏 200 度（瓦斯烤爐刻度 6）。著手處理餡料，把五花培根切成 2 公分寬的長條，放進煎鍋內乾煎 1 分鐘，煎好後放涼，再順著烤模的環形鋪在派皮上。接著把高脂鮮奶油、3 枚蛋黃和 1 顆全蛋打勻，用現磨胡椒粉和少許鹽（視培根鹹度而定）調味成鹹味布丁液。把布丁液澆入塔皮裡，立刻放進烤箱烤 20 分鐘，再改用攝氏 180 度（瓦斯烤爐刻度 4）烤 10 分鐘。這時餡料會像舒芙蕾一樣膨脹，並且呈金棕色。出爐後的洛林奇許派放涼一、兩分鐘後，會比較好切，但也不要等到凹陷才上菜。

可供四人食用。

洋蔥塔

ONION TART
Tarte à l'oignon

這道洋蔥塔是阿爾薩斯出名的招牌菜。充作前菜深受喜愛。

塔皮材料：中筋麵粉 125 公克（過篩）、奶油 60 公克、蛋 1 顆、鹽、清水。

洋蔥餡材料：洋蔥 750 公克、炒洋蔥用的橄欖油和奶油、鹽、肉豆蔻、大量現磨胡椒粉、蛋黃 3 枚、150 毫升高脂鮮奶油。

把過篩的麵粉中央圈出一個凹洞，放入切成小丁的奶油、蛋和 1 撮鹽，用指尖快速混合。加些水，分量足夠塑成麵團即可，但不要過多，麵團太黏就不容易從碗裡或工作檯上取出。把麵團放在撒了麵粉的工作檯上，用手掌底部緩緩把麵團往前推開，以推拉的方式製作麵團。揉製麵團時要輕巧且快速，實際操作其實很簡單，只不過文字敘述似乎頗為複雜。把揉製好的麵團滾成球形，用防油紙包裹起來，放食物櫃或冰箱鬆弛至少 2 小時，烘烤時才不會收縮或變形。這是多種塔派麵團做法之一，適用於大多數的法式塔派烘焙品。它的油脂量不像千層酥皮般高，做法也沒那麼複雜，嘗起來輕盈酥脆。不過對於做塔派很有經驗的老手來說，可能有自己比較偏好的手法。雖說所有的烹飪都有規則可循，不過烘焙品的製作還是很注重個人風格。

著手處理洋蔥餡，把洋蔥切得愈薄愈好，注意要把根部的粗纖維切除。在炒鍋裡加熱 60 公克奶油及少許油。加入洋蔥，蓋上鍋蓋，直到洋蔥變得相當柔軟，呈現淡金色。小心不要燒焦，要經常翻炒，以免黏鍋。這大概需要 30 分鐘。以鹽、肉豆蔻和胡椒調味，再拌入打得非常均勻的蛋黃和鮮奶油，放在一旁備用。

在直徑 20 公分的塔派用模裡抹油。把塔皮擀成 0.3 公分的厚度（這道洋蔥塔與洛林奇許派一樣，都是皮薄餡多為佳）。把塔皮鋪在烤盤上，用指關節輕壓，使塔皮與烤盤貼合。倒入洋蔥餡，放進預熱好的烤箱中層，烤盤下要墊一張烘焙紙，以攝氏 200 度（瓦斯烤爐刻度 6）烘烤 30 分鐘。趁熱享用。

可供四至六人食用。

韭蔥派

LEEK and CREAM PIE
Flan de poireaux à la berrichonne

皮卡地大區（Picardy）和其他法國北部區域有一道菜叫韭蔥酥派（flamiche 或 flamique），它與這道韭蔥派類似，不過餡料裡通常沒加火腿，所用的韭蔥相較之下略多（1.5 公斤），鮮奶油則略少（150 毫升）。有些地方會用麵包麵團或酵母麵團（這個情況餡料要減去三分之一，因為麵團烘烤時會膨脹），有的則會在派上覆蓋麵皮，如此一來倒像是餡餅。

在直徑 20 公分的派盤鋪第 88 頁的洋蔥塔或第 87 頁的洛林奇許派的麵皮。把 1 公斤韭蔥蔥白切碎，用奶油炒軟。把 60 公克偏瘦的培根切成小丁，加入鍋裡炒至混合。

把炒好的培根韭蔥稍微放涼，撒在派皮上。接著把 3 顆蛋和 300 毫升的鮮奶油打勻，以鹽和胡椒調味。把蛋液澆到韭蔥上，撒上數顆小奶油丁。把派放進預熱好的烤箱，以攝氏 190 度（瓦斯烤爐刻度 5）烤 30 至 40 分鐘即可。

可供四人食用。

義式麵食之戰
PASTA ASCIUTTA

　　一九三〇年十一月十五日在米蘭的「鵝毛筆餐廳」（Penna d'Oca）餐宴上，著名的義大利未來主義詩人馬里內蒂（Marinetti）公開宣稱抵制任何形式的烹飪，特別是針對麵食。「未來主義的烹飪，」馬里內蒂說，「將從重量和容量等古老的迷信中解放出來，其主要目標之一即消滅麵食。麵食再怎麼美味，畢竟是過時的食物了；它很厚重、不討喜又粗俗，所謂的營養成分根本是造假，無法令人信服，它集懷疑論、笨拙及悲觀主義之大成。」

這番詆毀言論發表後的隔天，立刻在義大利新聞媒體引起軒然大波；各個階層的人士紛紛加入論戰。無論是在餐館或家庭用餐，只要有麵食上桌，大家就會爭論不休。一位馬里內蒂的支持者宣稱：「我們的麵食就好像修辭學一樣，就只能塞滿嘴巴。」有人以此請教醫生的觀點，他們謹慎地回答：「經常吃和食用過量的麵食肯定會變胖。」「嗜吃麵食的人有緩慢和寧靜的特質，肉食者則比較性急並具侵略性。」「這是個人口味和生活物價水平的問題，無論如何，飲食應該多樣化，不能只單吃某一類食物。」當時的拿坡里市長波維諾公爵（The Duke of Bovino）也投入這場論戰，他堅定地告訴一位記者：「天堂裡的天使什麼都不吃，就只愛茄汁細麵條（vermicelli al pomodoro）。」馬里內蒂對此的回應是，這個說法剛好證實了他的質疑：天堂和天使所過的生活太過單調乏味。

馬里內蒂和他的朋友們把注意力轉向發表和印行荒謬的新菜，以此激怒公眾。這些可笑的菜色多半是把不合宜和外來奇特的材料組合起來，將驚恐奉為圭臬，例如肉泥腸與牛軋糖、鳳梨與沙丁魚、把煮熟的薩拉米浸泡於古龍水香味的黑咖啡裡，一種由鳳梨汁、蛋、可可、魚子、杏仁糊、甜椒、肉豆蔻、丁香和巫婆利口酒調製成的催情飲料。用餐時要配上香水一起吃，把香水撒在用餐者的頭上（香水要溫過，禿頭的人才不會冷），而餐叉要放在右手邊，左側要放置有用的物質——絲絨、絲綢或砂紙。

馬里內蒂這些爆炸性的做法其實頗具深意，飲食和烹調必須與其他風俗習慣與時俱進。不過隱藏在這些嘻笑嘲弄背後卻是邪惡的語調：扛著民族主義與愛國主義的法西斯旗幟，打起口水混戰。「直麵不是給戰士吃的食物。」在「戰爭來臨時，瘦的軍隊將會獲勝」，「麵食有礙男性雄風……對追求苗條身材的女性來說，沉重飽滿的胃實在不是件好事。」

用來做麵條的昂貴麵粉必須禁止進口，藉以提升國內的稻米栽培。被美國風俗、雞尾酒會、外國影片、德國音樂和法國食物沖昏頭的義大利貴族和富有的中產階級，這些誇飾的行為被馬里內蒂視為親外和反義，並大加撻伐。

馬里內蒂並非第一位改革義大利飲食的人。十六世紀時就有一位熱那亞的醫生抨擊義大利人麵食過量。十八世紀末又有針對通心短麵消耗過多的情形展開社會運動。然而這些來自知名科學家和文字工作者的勸說根本是白費工夫，這不僅是因為對麵食的熱情掌控了人們的味蕾，也是因為流傳甚廣的迷信，認為通心短麵是所有疾病的解毒劑，是宇宙無敵的萬靈丹。

另一波改革風潮是在十九世紀由科學家米凱勒‧斯庫派達（Michele Scropetta）發起的，很可惜也是無功而返。如果不是後來爆發的大戰，馬里內蒂的改革運動或許會達到某種成就。話說回來，稍具知識的義大利人可能也注意到的確不宜餐餐都吃麵食。事實上，大部分義大利南方人仍然維持白天吃麵條（北方人則是吃米飯或玉米粥），晚上可能就吃些湯麵（pasta in brodo）。如果考慮到生活物價水平，嗜吃麵食一點也不令人驚訝，新鮮製成的寬扁麵（tagliatelle）和緞帶麵（fettuccine）等麵食既便宜又多變化。麵條可以根據不同情況吃得經濟實惠，配茄汁醬和起司食用，當番茄便宜時，再加上新鮮番茄，也可以加奶油和起司，或者用橄欖油和大蒜而不要起司。整盤的花費不會比兩顆雞蛋還貴，而且馬上就能大快朵頤。更何況，對義大利人來說，煮麵根本是駕輕就熟的事情，閉著眼睛也能做。

摘自《義大利料理》，一九五四年

麵食

PASTA

義大利麵條種類不計其數，這還不包括那些因為跨省名字不同而令人混淆的種類。正統的義大利麵主要分為兩類，一類是自製麵條（pasta fatta in casa），另一類則是工廠大量製造再加以乾燥，幾乎可以無限期保存的義大利麵。

當你看到直麵或其他麵條的包裝袋上印有「pasta di pura semola di grano duro」，這即表示產品是由乾淨的胚乳或杜蘭小麥麥心磨成的麵粉所製。其實，我們所知的粗麵粉（semolina）也是用同樣的方式生產，只不過碾磨的顆粒較粗罷了。

有些工廠生產的麵條加了雞蛋，有些沒有，用菠菜染成綠色的麵條也是成包販售。義大利人將製造義大利麵的技術提升至藝術的境界，自製和市售乾燥麵條最主要的差異在於口感。乾麵條一定要煮15分鐘，新鮮麵條卻只需大約 5 分鐘。

義大利人煮麵時，每人份的麵條大約 90 至 125 公克，自製或市售的都一樣。後者通常是用一大鍋煮滾的鹽水來煮。煮好的麵條應該夾生（al dente），也就是說帶些嚼感，並且一煮好就把水瀝乾。這時溫熱的餐盤應早就隨伺在側，並且一上桌就開動。

煮市售麵條還有一種鮮為人知的方法，重點是每 125 公克乾麵條用 1 公升的水來煮；把水煮滾，每 1 公升水加入 ½ 大匙的鹽，再丟入麵條。當水重新煮滾，讓它繼續煮 3 分鐘。接著熄火，用布巾覆蓋麵鍋，再蓋上鍋蓋，靜置 5 至 8 分鐘，需要的時間隨麵條的粗細而定，比如一般長麵條要 5 分鐘，帶波紋有厚度的通心短麵要用上 8 分鐘。依照這個時間來煮，麵條的硬度就是合乎要求的口感。

我是從麵條的包裝袋上學來這麼優秀的方式，一九七〇年代初期，我購買的 Agnesi 麵條包裝上就印有如上指示。我認為它比一般老派煮法還要有用。

麵條在端上桌前可丟入一球奶油任其融化，或者在溫熱的餐盤中抹少許橄欖油，再倒進煮好的麵條，兩者都可使麵條嘗起來更美味。至於麵醬是否另外擺放或先與麵拌好，則隨個人口味而定。

波隆那肉醬麵

TAGLIATELLE with BOLOGNESE SAUCE
Tagliatelle alla bolognese

義式肉醬是波隆那肉醬的原名，它以各種面貌周遊列國。在波隆那，肉醬通常與綠色寬麵皮（lasagne verdi）做成焗烤千層麵，不過也可以和其他眾多種類的麵條搭配。吃的時候，新鮮奶油和大量磨碎的帕馬森起司必不可少。世人皆知的波隆那肉醬麵以多種令人驚異的方式呈現，大部分都是不正確的吃法（不過只要碰巧做得美味可口，也沒什麼大不了），而這裡則要介紹以真正波隆那方式烹煮的波隆那肉醬麵。這是內麗娜姑媽給我的食譜，她是一位了不起的女性，體態豐腴卻有著天使般的臉孔及風姿。一九五〇年代時，她在波隆那開設「內麗娜簡餐店」，其廚藝跨過她的家鄉邊界，盛名遠播。

肥瘦均勻的培根或生火腿 90 公克、奶油、洋蔥 1 顆、胡蘿蔔 1 根、西洋芹 1 小支、偏瘦的牛絞肉 250 公克、雞肝 125 公克、番茄糊*3 大匙、不甜白酒 150 至 160 毫升、鹽、胡椒、肉豆蔻、清水或高湯 300 至 320 毫升。

培根或火腿切成小丁，連同 15 公克奶油放入小鍋裡炒上色。加入切碎的洋蔥、胡蘿蔔和西洋芹拌炒至呈棕色，加入牛絞肉不斷翻炒，直到絞肉轉成棕色並上色均勻。接著加入略切的雞肝炒 2 至 3 分鐘，再加入番茄糊和白酒，以鹽、胡椒和肉豆蔻粉調味，鹽量要依據培根或火腿的鹹度斟酌。加入高湯或清水，蓋上鍋蓋，開最小火煨煮 30 至 40 分鐘。有些波隆那的廚師會在熄火前加入 1 杯鮮奶油或牛奶，使醬汁更為滑順。把肉醬與剛煮好的直麵（spaghetti）或寬扁麵放入溫過的容器攪拌均勻，好讓醬汁完全沾裹麵條，再丟入一大塊奶油拌勻。上菜時，與刨碎的帕馬森起司一起端上桌。

肉醬可供六人份麵條使用。

* 質地像花生醬的番茄製品。

馬斯卡邦起司麵

PENNE with MASCARPONE

馬斯卡邦起司是口味單純的高脂奶油起司，產於義大利北部，有時候可以添加糖和草莓食用，就像法式鮮奶油凍（French Crémets）或鮮奶油之心（Cœur à la Crème）。英國有許多高脂奶油起司，可以做出非常美味的麵醬。一般的奶油起司也可以用，只不過高脂奶油起司嘗起來更為細緻。

貝殼形、小筆管形等各類短義大利麵都適合煮這道麵，而寬扁麵這種細窄的長條麵，在羅馬則稱為緞帶麵，也可以派上用場。如果用綠色的麵條煮這道麵，因為綠色與白色的對比，看起來特別迷人。

麵醬做法如下：在鍋裡融化一大球奶油和 125 至 180 公克馬斯卡邦起司（或高脂奶油起司）。必須開小火慢慢加熱，不能煮滾。把煮好並瀝乾的義大利麵加入鍋裡，不斷攪拌，同時撒 2 至 3 大匙磨碎的帕馬森起司，最後再拌入 12 顆左右去殼並切碎的核桃。上菜時，與刨碎的帕馬森起司一起端上桌。

製作時如果講究細節，這將是一道精緻的麵食，不過它很經飽又很濃郁，少量即可滿足。

麵醬可供三至四人份麵條使用。

茄汁麵

FETTUCCINE with FRESH TOMATO SAUCE
Fettuccine alla marinara

緞帶麵是像絲帶一樣的手工長麵條，不過市售的這類麵條也可以用來煮這道拿坡里麵食。

依照一般所需的時間煮緞帶麵，結束前 5 分鐘準備麵醬。在煎鍋裡倒入一層薄薄的橄欖油，開中火燒熱，小心不要冒出白煙，丟入至少 3 顆大蒜切成的蒜片炒 30 秒。把 6 至 7 顆熟透的番茄各分切為 6 等份，加入煎鍋拌炒 3 分鐘即可。這道麵醬的重點在於番茄保有自然的酸甜味，並且沒有過度加熱，流出的茄汁（熟透的番茄肯定如此）與橄欖油融合，將滲入麵條裡。起鍋前拌入數片撕碎的新鮮羅勒葉，並以鹽和胡椒調味。把煮好的緞帶麵盛到上菜盤，再倒入麵醬。上菜時，與刨碎的帕馬森起司一起端上桌。

麵醬可供四人份麵條使用。

培根起司蛋麵

MACARONI CARBONARA

培根起司蛋麵是羅馬菜,在眾多番茄醬料的麵食中令人耳目一新。可以用各種通心麵 *
(macaroni)、直麵或其他麵條做這道麵。這裡用的是管麵(rigatoni,粗短帶刻紋的通心麵),
而鹽醃五花培根比火腿或培根更適合。

把麵放入加了鹽的滾水,依照一般所需的時間煮麵。煮好後瀝乾,倒入溫過的容器備用。事先
把 125 公克的火腿或義式醃豬肩肉(coppa)切成火柴棒的長度,用少許奶油略煎,熄火。把 2
顆蛋打入鍋裡,像打蛋液般快速攪拌,一旦蛋液開始變稠就倒到麵上,蛋液會帶點小顆粒,但
不像炒蛋般厚重。用木匙用力攪拌,使蛋液和火腿充分混合,這時拌入少許帕馬森起司。上菜
時,與刨碎的帕馬森起司一起端上桌。

麵醬可供四人份麵條使用。

* 通心麵:一般以為通心麵是指 U 形中空短麵,其實只要是通心短麵皆稱 macaroni,因此筆管麵(penne)、斜管麵
(bombardini)、管麵(rigatoni)、彎管麵(pipe rigate)等皆是通心麵。

蛤蜊麵

SPAGHETTI with CLAMS
Spaghetti alle vongole

蛤蜊麵是羅馬餐館尋常的菜色，在拿坡里和南部海岸區也是如此。蛤蜊是個頭極小的貝類，一時找不到的話，可以用貽貝、鳥蛤或其他小貝類代替。如果從魚販處買回煮熟並去殼的蛤蜊或鳥蛤，要把它們放在濾鍋裡，再置於水龍頭底下沖水，因為它們一定還是夾帶砂礫，而且很可能鹹味極重。

帶殼蛤蜊或鳥蛤 2.5 公升容量（煮熟並去殼的蛤肉為 250 公克），如果使用貽貝則 3 公升容量。橄欖油、洋蔥 1 顆、大蒜 2 至 3 瓣、新鮮番茄 750 公克（罐裝則 450 公克）、巴西利。

細心清洗蛤蜊，先刷淨表面並在水龍頭底下把砂礫沖掉。蛤蜊放入大鍋，開大火煮到殼打開，瀝乾水分並取出蛤肉。另取一只鍋，倒入少許橄欖油燒熱，加入切碎的洋蔥和大蒜（喜歡的話可以增量）略炒，加入去皮並切碎的番茄，煮到湯汁稍微收乾，再加入貝肉及切碎的巴西利，貝肉再度變熱就熄火。把醬汁倒到煮好的直麵上，拌勻即可端上桌

食用蛤蜊麵不加起司。

麵醬可供四人份麵條使用。

蒜香麵

SPAGHETTI with OIL and GARLIC
Spaghetti all'olio e aglio

義大利人吃麵時通常不多加配料，就只用橄欖油和大蒜。直麵或大蒜的愛好者都愛極了這道麵，反之則嗤之以鼻。這道麵的重點是使用優質的橄欖油。

直麵煮好，舀至溫過的容器備用。取一只小鍋，開小火燒熱 200 毫升橄欖油，拌入分量充足的蒜末。蒜末在油裡浸泡至多 1 分鐘，油溫維持溫熱，不要過高，再把蒜油倒到直麵上拌勻即可。你可以加入切碎的巴西利或其他香草；雖然拿坡里人吃這道麵時不加起司，不過你喜歡的話，還是可以刨些上去。如果你只喜歡蒜香卻不愛蒜末，倒蒜油時可以用濾網過濾蒜末。

蒜辣麵

SPAGHETTI with OIL, GARLIC and CHILLI
Spaghetti all'olio, aglio e saetini

依照一般所需的時間煮直麵，煮好後舀至溫過的容器，再倒入熱燙的橄欖油。橄欖油事先炒過大蒜片和辣椒乾。

青醬麵

TRENETTE with PESTO

這可能是全義大利最棒的麵食。長火柴麵（trenette）是熱那亞式的細扁麵，粗細與火柴棒差不多，只不過是長型罷了。這款麵煮法與一般麵條相同，煮好就舀入上菜盤，並且立刻倒入 2 大匙青醬（不可事先加熱），讓麵條的熱氣加熱青醬，上頭再丟入 1 大球奶油。麵端上桌後才把青醬、奶油與麵拌勻。上菜時，與刨碎的帕馬森起司或佩戈里諾起司（Pecorino）一起端上桌。直麵、寬麵皮（lasagne）、寬扁麵都可以做成青醬麵，其實任何麵條都行。

熱那亞人拿青醬拌各種麵條和麵疙瘩吃，甚至加入湯裡調味。熱那亞人宣稱他們的羅勒與義大利其他地區所產相較之下香氣更為迷人突出，並斷言唯有熱那亞羅勒才能做出最棒的青醬。青醬起源於熱那亞，肯定就是當地的招牌麵醬，而雜菜湯（minestrone）起鍋前拌入 1 大匙青醬，整個風味又大不相同，美味加乘。你還可以試試用它代替奶油與烤馬鈴薯一起吃。

去梗新鮮羅勒葉 60 公克、大蒜 1 至 2 瓣、鹽、松子 30 公克、佩戈里諾起司或帕馬森起司 30 公克、橄欖油 45 至 60 毫升。

羅勒葉、大蒜、少許鹽和松子放入研磨缽搗碎，加入起司混合均勻。（佩戈里諾起司產於薩丁尼亞，是氣味濃郁的綿羊奶起司，它大量外銷至熱那亞以供製作青醬。製作青醬時有時會摻雜等量的帕馬森起司和佩戈里諾起司，或者單用帕馬森起司，成品的風味會較為溫和。）

當青醬變成糊狀，開始一點一點添加橄欖油，並穩定地攪拌。觀察橄欖油是否與其他材料融合，成品的質地必須濃稠厚實。如果做出的青醬分量較大，可以倒入玻璃罐，用橄欖油封住表層，蓋上瓶蓋即可保存。

麵醬可供四人份麵條使用。

菠菜麵疙瘩

GREEN GNOCCHI
Gnocchi verdi

食譜中的分量當四人份的前菜綽綽有餘，如果想當主菜，就增加一半的分量。鑒於一般人不太熟悉如何煮麵疙瘩，我建議第一次煮的時候暫不增量。

新鮮嫩菠菜 500 公克、鹽、胡椒、肉豆蔻、少許奶油、瑞可達起司（ricotta cheese）250 公克、蛋 2 顆、中筋或低筋麵粉 3 大匙、刨碎的帕馬森起司 45 公克。另備大量的奶油及刨碎的帕馬森起司做麵醬。

菠菜洗淨，放入鍋裡，撒少許鹽但不加水，開中至小火煮軟。把菠菜水分擠乾並切碎，放入煎鍋，撒鹽、胡椒和肉豆蔻粉，丟入 1 球奶油和壓成泥的瑞可達起司，開小火邊煮邊攪拌 5 分鐘，把所有材料拌勻。把鍋子離火稍微降溫，打入蛋，加入麵粉和帕馬森起司充分混合。把菠菜糊放冰箱冷藏數小時，隔夜尤佳。

在工作檯撒麵粉，把菠菜糊整型成葡萄酒瓶塞的形狀，做好就在麵粉上滾動，直到用光所有的菠菜糊。備好一鍋微滾的淡鹽水，分批丟入麵疙瘩。

（不用擔心麵疙瘩過軟，一旦丟入滾水，麵糊會成型不致散開。）

要用大鍋煮麵疙瘩，麵疙瘩在滾水中才有足夠的空間翻騰，否則要分 2 至 3 批下鍋。當麵疙瘩浮出水面就表示煮熟了，這大概要 5 至 8 分鐘，不要煮過久，否則麵疙瘩會開始解體。用濾杓把麵疙瘩撈到濾鍋或濾網，水分一瀝乾就倒到可耐高溫的淺盤，淺盤裡事先加入 30 公克融化的奶油，並刨入一層薄薄的帕馬森起司。稍微晃動淺盤，使麵疙瘩與奶油及起司混合，放入烤箱，用低溫（攝氏 50 至 80 度）保溫，接著煮下一批。當所有的麵疙瘩都煮好並倒至淺盤，淋入 30 公克融化的奶油，並撒大量的起司，再烤 5 分鐘。

法國市場：卡瓦庸
The MARKETS of FRANCE: Cavaillon

　　那是在六月中某個星期日的傍晚，卡瓦庸的各家咖啡館擠得水洩不通，連個停車位都沒有，而市聲震耳欲聾。最有可能客滿的旅館，也就是托邦飯店（Toppin），所有的房間在七點以前已被預訂一空，但是位於夏布宏街（rue Chabran）的「普羅旺斯鄉舍」卻出奇地安靜，你可以在此享用一頓精巧的晚餐，沒什麼別出心裁的設計，卻是精心為客人準備的道地美食，餐後就早早就寢。不過飽睡一覺的機會卻不大，因為星期一是卡瓦庸的大市場日，一過半夜，大型蔬果產銷合作公司、小型蔬果商、種植番茄、大蒜和洋蔥的農民，他們的手推車、卡車和貨車就會開始轟隆作響，開進克羅斯廣場（Place du Clos）的露天市場。

黎明時分，他們卸下了瓜果、蘆筍、草莓、紅醋栗、杏桃、蜜桃、梨子和李子，以及新鮮杏仁、四季豆、萵苣、閃閃發亮的新鮮洋蔥、新生小馬鈴薯和成串的大蒜。六點左右，整座廣場就堆滿了裝滿蔬菜和水果的板條箱，在拂曉的光暈中，形成一片影影綽綽的光之海。廣場的空氣中，瀰漫著卡瓦庸初入產季的蜜瓜特有的麝香氣味，下一刻就會聞到另一種強烈衝突的味道——濃郁像丁香，又有點刺鼻，那就是甜羅勒的氣味，而它竟然是從市場彼端一位老人那裡傳來的。他滿臉風霜，孤獨地坐在倒放的籃子上，而成把的羅勒好似防護柵欄般環繞著他，他用圓溜明亮的雙眼注視著市場中上演的生活戲劇。經銷商、出口商和批發商隨處走動檢視商品，並討價還價，陪同前來的跟班站在人群中抽菸或閒聊，市場的警察和督察則四處巡視，確認一切依法無誤。

現場相當安靜，至少比預期中來得安靜。這裡是全法國最重要的蔬果批發市場，也是沃克呂茲（Vaucluse）和孔達維內桑（Comtat Venaissin）這兩個富庶省分所生產的新鮮農作物最大的集散中心；然而，這個區域在不到一百年前還是極度貧窮、農作物灌溉不足、道路和交通不良而孤立、遭受地震的傷害、穀物和葡萄樹受病毒侵害而幾近荒廢。

由於鐵路的興建，往北把普羅旺斯和巴黎串連起來，往南與馬賽和地中海各港口貫通，因此才能把隆河和迪朗斯（Durance）河谷精耕細作的蔬果農產品呈現於世人面前。他們使用現代化的灌溉方式，在葡萄樹飽受摧殘的廣大區域種植果樹，把大面積的種植區域縮小，邊界則種植柏樹樹籬充當防風林，以阻擋西北風的肆虐。巴黎及北部大城鎮對當季蔬果的需求與日俱增，而普羅旺斯的大農場則正好彌補其不足。影響所及，去年光是在四月十五日到五月十五日之間，就有八萬公斤的蘆筍進入卡瓦庸市場；在旺季巔峰的七月，每日供銷三百噸蜜瓜，而七、八月時，每天有五百噸的番茄。每年總共約有十六萬噸的蔬果從卡瓦庸批發出去，其中大約百分之五十經由鐵路運輸，其餘走公路路線。話說回來，雖說卡瓦庸是最重要的市場，但絕不是鄰近區域唯一的大集散中心。亞維儂（Avignon）、沙托雷納爾（Châteaurenard）、博萊納（Bolléne）、佩曲（Pertuis）這幾個集散地都派遣專用火車將農產品迅速運送至北方；至於果醬和糖漬水果工業盛行的阿普特（Apt）和卡龐特拉（Carpentras;），大量的水果就直接在當地消耗掉了；此外，每個小鄉鎮都有自己的蔬果零售市場，比較大的城鎮每天都開市，人口較少的地方則每星期開市一次或兩次。

此時，七點的鐘聲敲醒卡瓦庸的市場，靜謐的時光宣告終止。自此貨物開始交易，混亂喧囂緊接著登場。經銷商搶快將他們買下的成箱農產品堆放到停在一旁的卡車。堆成跟鼻子等高的一整車大蒜瞬間消失，堆積如山的蜜瓜也在眨眼間蒸發一空。如果你想和別人說話，根本不會有人理睬，如果不小心擋了別人的路，很可能被這些急著把貨物運到巴黎、倫敦、布魯塞爾，以及北部和東部各大農場集散中心的商家給撞倒在地。而似乎就在那一瞬間，整個廣場空如廢墟。

享用過早餐咖啡和可頌之後，八點鐘時從咖啡館轉回廣場，說好聽些，此刻市場可說是重現生機。整個廣場被貨車和卡車圍繞，從這些車中搬出了便宜的服飾和工作服、塑膠廚具、鞋子、圍巾、棉花、鍋碗瓢盆、釘子、螺絲起子、刀具和農具，以及成包的種籽、一盒盒的餅乾和一盤又一盤看起來用了人工色素的甜食。

沿著廣場邊的小巷走下去，會看到一座用彩帶裝飾的廣場，在花俏的彩繪廊柱下，擺放紫丁香、柳橙、肉桂、檸檬和玫瑰，小販們正用與其說是卡瓦庸式，倒不如說比較像馬賽和黎凡特（Levant）的方式招攬生意。看過批發早市之後，這個廣場相形之下就顯得乏善可陳，連一顆蜜瓜也看不見。其實這是因為還未到盛產期，對卡瓦庸主婦來說，蜜瓜的價格還是昂貴了些。現在一公斤蜜瓜要花上五千法郎，而一星期以後，倫敦的水果店每顆乾癟瘦小的蜜瓜都得要十二先令六便士。不過這座廣場對街有愈來愈多的食物攤子開始營業，主婦們早已忙著採購。在這裡可以買到中午野餐所需的任何食材。自然生長的漂亮番茄、裹在栗子葉裡的巴農起司（Banon）、亞爾（Arles）香腸、肉糜抹醬、黑橄欖、從巨石塔般的奶油磚上分切下來零賣的奶油、杏桃和櫻桃等等。

時間還早的話，可以往阿普特的方向開去，再走岔路到呂貝宏（Lubéron）。整個路段雖然蜿蜒崎嶇，但是路上幾乎沒有其他車輛，並且會穿過某些普羅旺斯最美麗的村莊。山巔矗立著幾座典型的普羅旺斯村莊，有些像老奧佩德（Oppède-le-Vieux），整座村莊日漸衰落、毫無生氣，好似廢墟一般，有些則像博尼約（Bonnieux），在老城區下方建蓋了繁忙的現代化村莊；經過阿普特，穿越令人眼花撩亂、蜿蜒曲折的赭石鄉區，胡西庸區（Roussillon）怪異的金紅色村落，搖搖欲墜地懸垂在陡峭的山崖邊。在這區，赭紅色岩石下方的巖穴已經開發成大片的蕈菇栽植區，而在最簡樸的小館大衛餐廳（與我沒有親屬關係），遊客可以品嘗到用當地栽植的蘑菇菜色，比如鮮奶油蘑菇或普羅旺斯式蘑菇，想當然耳都配上橄欖油、巴西利和大蒜。此外，在沿路待過阿普特、艾克斯（Aix）和卡瓦庸各地的旅店之後，不妨拜訪數週前才開業的小旅館「金玫瑰」（Rose d'Or），你將享受到賓至如歸的接待。

摘自《時尚》（Vogue），一九六〇年

蔬菜
VEGETABLES

有時候會有人問我新鮮蔬菜與冷凍蔬菜的區別，它們真的是一樣的嗎？知道新鮮蔬菜真正意義的人肯定會頓時語塞，不過這也表示大部分英國人認為蔬菜只不過是肉類的配菜。肉汁醬和辣根、芥末醬和薄荷，更別提肉類本身，都讓人把注意力從次級或沒料理好的蔬菜移開。把蔬菜做成單獨的菜色來品嘗，它們將呈現不同的面貌，魅力和缺點也因此更為凸顯。除了焗烤起司花椰菜，英國沒有多少傳統蔬菜菜色可端得上檯面，但我們卻生產各種蔬菜，而且大多是日常所見的種類，比如洋蔥、甜菜根、胡蘿蔔、菠菜和韭蔥，都能做出最美味的菜餚。

一個國家的飲食習慣發展最快的就屬蔬菜和水果。別忘了，曾經的曾經，英國不生產馬鈴薯；番茄對義大利人來說還是新鮮品；甜豌豆剛在法國市場露面，甚至還在路易十四的宮廷引起騷動。香蕉、葡萄柚和人工種植的蘑菇曾經是令人興奮的產品，如今我們卻視為理所當然。不久之前，提及法國四季豆，大家還以為是粗枝大葉的醜豆，轉眼間細緻和小個頭的四季豆品種已在市場流通，圓茄、甜椒和酪梨更是數見不鮮。而我們勤奮進取的英國農夫種植嬌小的櫛瓜，來替代笨重的葫蘆瓜（marrows）。

法國人把蔬食菜色視為一餐中重要的一環，而不單是肉類的配菜，我好奇未來我們是否也會養成這個習慣；假設果真如此，我們將更能品嘗肉類和蔬食的美味，因為無論在採買和烹調上都必須特別用心，兩者的特色也因此能發揮極致。

威尼斯式煮朝鮮薊

VENETIAN ARTICHOKES
Carciofi alla veneziana

球狀朝鮮薊幾乎可說是義大利家庭的常備蔬菜。其中有好些不同的品種,煮法也各異其趣。個頭較大的綠色品種口感柔嫩,整球都可食用,很適合用來做猶太式炸朝鮮薊(carciofi alla Giudia)或羅馬式朝鮮薊(carciofi alla Romana)這類羅馬名菜。把處理好的朝鮮薊片薄,直接油煎或沾些麵粉才煎,可充作開胃菜。小個頭的朝鮮薊可以用橄欖油醃漬。中型、葉片是紫羅蘭色的朝鮮薊用橄欖油和白酒燉煮,令人齒頰留香;切成細薄片的話,無論是用奶油香煎當小牛肉的配菜,或者淋橄欖油和檸檬汁生吃,也令人讚不絕口。朝鮮薊心可加上蛋做成義式烘蛋(frittata),是放進烤箱烘烤的蛋料理,它也是熱那亞慶祝復活節綠色蔬菜派(torta pasqualina)的重要食材。

義大利某些地區販售已經處理好、隨時可烹煮的朝鮮薊心。其實也可以買回家自己處理。把朝鮮薊最外層粗硬的苞葉扯掉,用利刀從朝鮮薊頂端切去三分之二。把中心絨毛部分挖除,並沿著總苞周圍修整,僅剩朝鮮薊心與較嫩的苞葉。最後用檸檬汁塗抹所有的切口,立刻丟入冷水裡烹煮。

這道菜要用葉片是深紫羅蘭色的朝鮮薊。取 6 至 8 朵朝鮮薊,只切除外圍的苞葉,放入燉鍋,注入等量的橄欖油、白酒和清水,直到剛好淹過。蓋上鍋蓋,開小火煨煮 1 小時,然後掀開鍋蓋,調高火力,煮到水分蒸發,只剩橄欖油。

可供三至四人食用。

土耳其燉圓茄

TURKISH AUBERGINES
Aubergines à la turque

當茄子與番茄一起烹煮時，它的風味和口感特別吸引人，而做成茄肉泥或沙拉這種小菜也很討喜，適合當開胃菜或像甜酸醬（見第 29 頁）一樣配肉吃。用橄欖油煮茄子要比奶油或烤肉油汁適合；茄子菜色總是散發著溫暖的氣息，尤其是帶皮煮的時候。大部分的茄子菜色冷、熱食皆宜，冷掉後重新加熱也不減美味，因此可說是運用極廣的一種蔬菜。

大圓茄 2 顆、鹽、橄欖油、洋蔥 3 大顆、番茄 250 公克、大蒜 1 至 2 瓣、多香果*粉（ground allspice）1 小匙、糖。

圓茄不去皮，切成厚圓片，撒鹽，放入濾鍋靜置 1 至 2 小時，瀝掉滲出的水分。用橄欖油把茄片兩面煎到焦黃，取出備用。把切成薄片的洋蔥加入鍋中炒軟，變成金黃色，再加入去皮並切碎的番茄和去皮拍扁的大蒜，以鹽、多香果粉和少許糖調味。開小火煨煮，直到變成濃稠的醬汁。把茄片排到抹上油的烤盤，每一片澆上 1 大匙茄汁醬，放進預熱好的烤箱，以攝氏 180 度（瓦斯烤爐刻度 4）烤 40 至 50 分鐘。可以趁熱吃，但是放涼後的滋味最棒。

可供四人食用。

* 多香果見第 37 頁譯註。

教皇茄泥

PROVENÇAL AUBERGINE MOUSSE
Papeton d'aubergines

故事要從亞維儂的一位教皇說起，他抱怨普羅旺斯的菜不如羅馬菜美味，他的廚子為了證明教皇是錯的，因而發明了這道菜。還有另一種說法，這道菜第一次呈給教皇時塑成教皇皇冠的形狀，因此得名。

圓茄 6 顆、鹽、橄欖油、胡椒粉、大蒜 1 瓣、牛奶 190 毫升、蛋 3 顆。

圓茄去皮，切成厚片，撒鹽，靜置 1 小時，使水分滲出。在鍋裡倒入少許橄欖油，加入茄片，蓋上鍋蓋燜煮至軟，這樣可使它們保持濕潤。把油瀝乾，再把茄片切碎，以鹽和胡椒調味，加入蒜末、牛奶和蛋拌勻。把茄泥倒入抹了油的容器，隔水加熱 25 分鐘。上菜時把茄泥倒扣到平盤，再淋上厚厚的一層茄汁醬（見第 303 頁）。

不想倒來倒去的話，可以直接在原來的容器中澆上醬汁，或者把兩者分開放。這樣順手多了。

可供四人食用。

培根蠶豆
BROAD BEANS with BACON

用少許奶油炒60公克火腿丁，加入1公斤事先煮熟的蠶豆、2至3大匙的貝夏美醬（見第296頁）、少許鮮奶油和1小撮切碎的巴西利，開小火煮5分鐘。

可供四至五人食用。

優格蠶豆
BROAD BEANS with YOGHURT

這是中東菜色，當地名叫 fistuqia。

蠶豆750公克、米2大匙、大蒜1瓣、鹽、胡椒、優格1小盅、蛋1顆。

分別把蠶豆和米煮熟，瀝乾並趁熱將兩者拌在一起。把磨碎的大蒜加到優格裡拌勻，以鹽和胡椒調味，再與蠶豆和米飯混合。開小火煮，倒入打勻的蛋液，邊煮邊攪拌。醬汁稍微濃稠就可離火。熱食或冷食皆可。

可供四人食用。

蠶豆佐檸檬蛋黃醬
BROAD BEANS with EGG and LEMON

把1公斤的蠶豆放入加了鹽的滾水裡煮熟，瀝乾並保留1杯煮豆水。把保留的煮豆水、2枚蛋黃和1顆檸檬的果汁加入小鍋，開小火邊煮邊攪拌，煮到起泡且略微濃稠。把煮好的醬汁澆到蠶豆上，熱食或冷食皆可。

煮熟的朝鮮薊心與蠶豆也是很棒的組合，加入幾尾燙熟的明蝦或小螯蝦（langoutines），就可充作開胃菜。

可供四至五人食用。

皮埃蒙特燉豆鍋

SLOW-COOKED BEANS
Fasœil al fùrn

燉豆鍋是皮埃蒙特的鄉村菜，用的是乾燥伯洛提豆*（borlotti），把泡軟的豆子放烤箱中以中低火力煮一整夜，可當隔天的午餐。皮埃蒙特人習慣在星期六晚上做這道菜，星期天中午家人從彌撒回來，就可以從烤箱拿出來吃。

事先把 500 公克的伯洛提豆泡水 12 小時。把適量巴西利與幾瓣大蒜一起切碎，加入少許胡椒粉、肉桂粉、丁香粉（ground cloves）和磨碎的豆蔻皮**（mace）。把綜合香料抹在一大片寬豬皮或義式五花培根（pancetta）上，然後捲起來，放在深陶罐底部，上面再放豆子蓋住。注入比豆子高出 5 公分的水。蓋上鍋蓋，放進烤箱，以攝氏 150 度（瓦斯烤爐刻度 2）燉烤。看隔天什麼時候吃，再據此調整烤箱溫度，總之煮得愈久味道就愈好。吃的時候裝入湯碗，是一道頗為紮實的午餐。當你很忙或手頭不太方便時卻要餵飽一大群人，這道菜就是絕佳的救援。

可供四人食用。

～～～～～～～

*伯洛提豆：腰豆（kidney beans）的一種，粉棕色帶紅棕斑點，又稱紅莓豆（cranberry beans），豆型飽滿，味甜質厚，是許多義大利菜餚的基本豆款。

**豆蔻皮見第 33 頁譯註。

橄欖油燉白豆

HARICOT BEANS
Fasoūlia

Fasoūlia 是希臘文的白豆。懂得品嘗橄欖油的老饕將會喜歡這道菜。

事先把 250 公克的乾白豆泡水 12 小時。在深鍋裡把 110 毫升的橄欖油加熱，放入瀝乾的白豆，把火力調小，邊煮邊攪拌 10 分鐘。接著加入 2 瓣大蒜、1 片月桂葉、1 枝百里香和 2 小匙的番茄糊*，並注入比豆子高出 2.5 公分的滾水，開中至小火煮 3 小時。這時水分應該完全蒸發，變成濃稠的醬汁。擠入 1 顆檸檬的果汁，加入切成圓圈的生洋蔥，並以鹽和黑胡椒調味，然後放涼。

可供四人食用。

* 番茄糊見第 98 頁譯註。

維琪式煮胡蘿蔔

CAROTTES VICHY

這道胡蘿蔔菜色是最廣為人知的法式蔬菜料理之一。做法出乎意料地簡單，滋味討喜，很適合在早春時分，填補豌豆和四季豆還未盛產的空缺。

維琪地區的水質不含石灰，據說特別適合烹煮蔬菜，這道菜也因此得名。話說回來，在水裡加 1 小撮食用小蘇打，就會有相同的作用了。維琪式胡蘿蔔可以充作肉類的配菜，個別吃也不賴。

把 500 公克迷你胡蘿蔔刷洗乾淨，斜切成約 0.5 公分的薄圓片，連同 30 公克的奶油、1 撮鹽、2 大撮糖和 450 毫升的清水，不加鍋蓋煮 20 至 25 分鐘，直到水分幾乎蒸發，胡蘿蔔變軟。再加入 1 小球奶油，晃動鍋身，使胡蘿蔔不沾鍋並且油光閃亮。上菜前撒些切碎的巴西利。

選用普通胡蘿蔔時，縱向切成 4 等份再切塊，就可用相同的煮法，只不過水要多加一些。此外，最後加入 1 小球奶油時也舀入 1 小匙糖，一起煮到變成濃稠的糖漿，但不要過久，以免變成脆硬的糖塊。

可供四人食用。

普羅旺斯煮韭蔥
PROVENÇAL LEEKS
Poireaux à la provençale

韭蔥（leeks）1.5 公斤、橄欖油 2 大匙、鹽、胡椒、番茄 250 公克、黑橄欖 12 顆、檸檬果汁 1 顆的量、切碎的檸檬果皮 1 小匙。

韭蔥洗淨切成 1 公分厚小段。在耐熱的矮邊陶製容器裡把橄欖油燒熱，但不要冒煙，加入韭蔥、鹽和胡椒，稍加遮蓋，煨煮 10 分鐘。加入對切的番茄、去核橄欖、檸檬汁和檸檬果皮，再煮 10 分鐘。熄火後直接用原來的陶盤上菜。放涼後當沙拉滋味絕佳。

可供四人食用。

奶油吉康菜
CHICORY BRAISED in BUTTER
Endives au beurre

每人份要 1.5 到 2 朵吉康菜。把枯萎的外層剝除，用布擦拭乾淨，並用不鏽鋼刀切成 1 公分厚片。在煎鍋裡融化 1 大球奶油，加入吉康菜略炒，用木匙不斷攪拌。把火力調小，加鹽，蓋上鍋蓋，煮約 10 分鐘（如果整朵丟入鍋裡就要煮上 1 小時），這期間要經常掀開鍋蓋拌炒，以免沾鍋。上菜前擠入幾滴檸檬汁。

可以加入少許培根丁或火腿丁稍作變化。用同樣的方式煮韭蔥也一樣出色。

焗烤番茄盅

TOMATOES BAKED with GRUYÈRE
Tomates fromagées

拿中型番茄來做這道菜。把番茄頂部切除，挖去籽囊，撒鹽後倒扣脫水。

在隔水鍋（double sauce pan）裡融化適量格魯耶爾起司，並加入黑胡椒、卡宴辣椒粉、少許法式芥末醬、幾滴白酒和 1 瓣搗碎的蒜末。

在番茄裡填入起司糊，起司濃度要與威爾斯焗烤麵包片（Welsh rarebit）所用的起司相似。番茄放進預熱好的烤箱，以攝氏 180 度（瓦斯烤爐刻度 4）烤 10 分鐘，再移到燒烤機（grill）把起司表層烤上色。

亞美尼亞炒蘑菇

ARMENIAN MUSHROOMS
Mushrooms à l'arménienne

這個煮法的蘑菇可以獨立成一道主菜，配炒蛋或歐姆蛋吃，或者放涼充作前菜。

蘑菇 250 公克、橄欖油、大蒜、培根 2 片、白酒或紅酒 150 毫升、巴西利。

蘑菇切片，用 2 大匙橄欖油略炒，加入切得極薄的蒜片和切成方塊丁的培根。
拌炒數分鐘，倒入酒煮 1 分鐘，收乾酒液，接著把火力調小，加入切碎的巴西利，煨煮 5 分鐘。

可供四人食用。

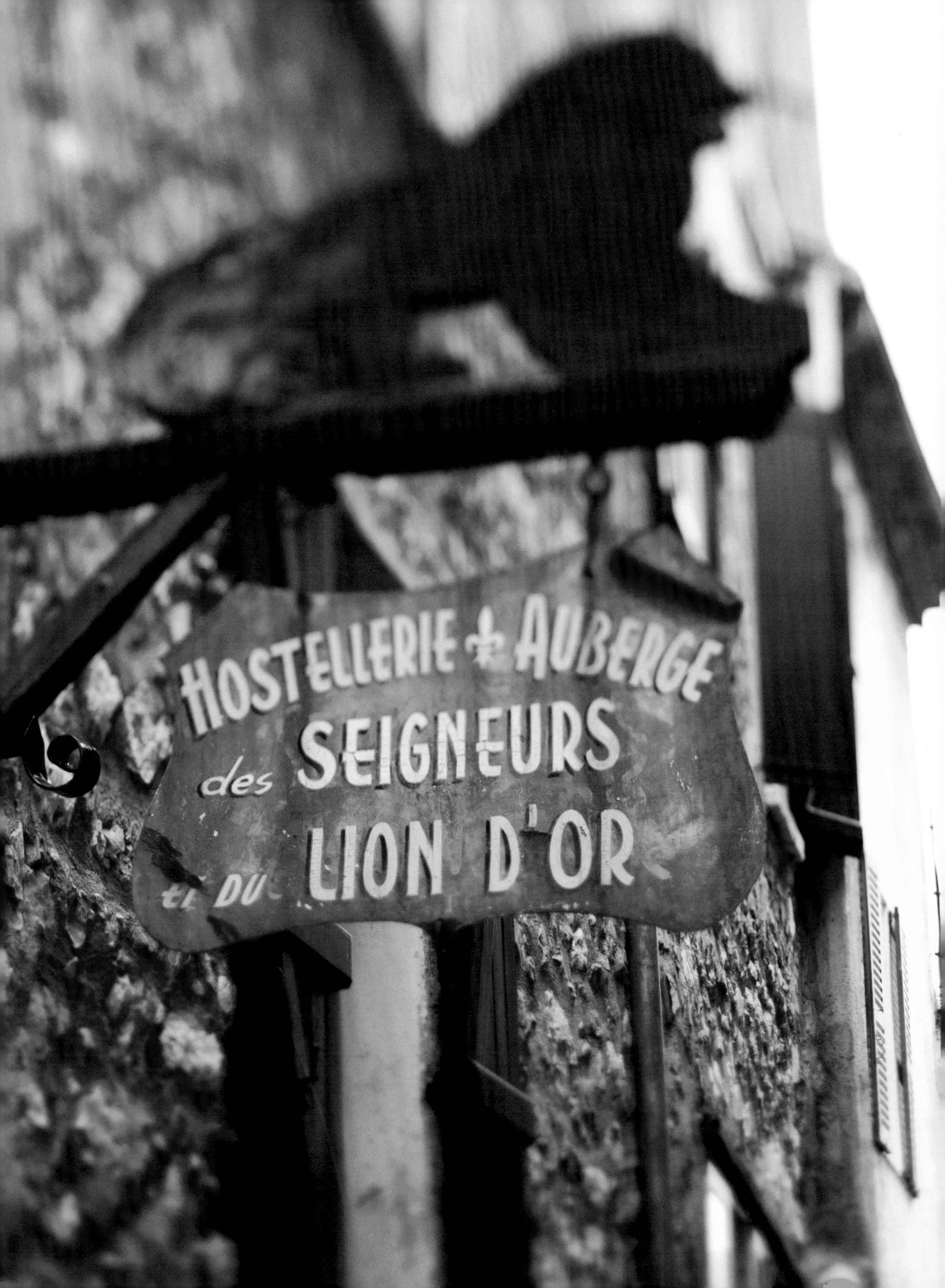
HOSTELLERIE AUBERGE
des SEIGNEURS
LION D'OR

甜椒燉番茄

SWEET PEPPER and TOMATO STEW
Peperonata

洋蔥 1 大顆、橄欖油、奶油、紅甜椒 8 顆、鹽、熟番茄 10 顆。

洋蔥切片，放入鍋中，用橄欖油和奶油煎上色。加入洗淨、去籽並切成條的甜椒，撒鹽，蓋上鍋蓋，煨煮 15 分鐘左右。接著加入去皮後切成 4 等份的番茄，再煮 30 分鐘。記得不要太多油，番茄本身就有足夠的水分把甜椒煮熟，而且成品要非常乾才好。喜歡的話可以加些大蒜。

如果要在冰箱冷藏幾天，煮好後就裝入罐子，倒入剛好淹過番茄的橄欖油即可。這個分量足夠六或七人食用，不過這道菜即使吃剩了再加熱，味道還是棒極了，因此可以一次多做些。

火腿豌豆

GREEN PEAS and HAM
Piselli al prosciutto

羅馬附近生產的豌豆是我嘗過最美的了，小巧翠綠、香甜細柔，光是用奶油來煮就好吃得不得了。用這方法煮出來的醬汁特別細緻，適合配自製麵條或白燉飯。羅馬人煮豌豆時喜歡加上火腿，趁英國嫩豌豆還沒變柴、變乾之前，試試這個煮法吧！

洋蔥 1 小顆、豬油或奶油、豌豆 1 公斤、優質熟火腿 90 公克，切成條狀。

切碎的洋蔥用豬油或奶油炒到開始變軟，轉小火煮到非常柔軟但還沒變黃。加入去膜的豌豆和少許水煮 5 分鐘，再加入火腿煮 5 至 10 分鐘，應該就可以起鍋了。

可供四人食用。

佩里戈煎馬鈴薯

PÉRIGORD POTATOES
Pommes de terre à l'échirlète

這是佩里戈地區烹調馬鈴薯的方式，配烤牛肉或野味，甚至單獨享用，都令人吮指回味。

在 500 公克小馬鈴薯上倒入剛好淹過的清水，或者講究些就用等量的高湯代替，再丟入 2 瓣大蒜，蓋上鍋蓋，煮到水分幾乎乾掉，這時馬鈴薯應該熟了。接著把它們倒到鍋中，加入 1 大匙鵝油或豬油和大蒜，開小火炒到表層變成金黃色。這期間要攪拌 2 至 3 次。

這個煮法煮出來的馬鈴薯特別美味，個頭大些的馬鈴薯對切或切成 4 等份之後，也可如法炮製。

可供四至五人食用。

牛奶煮馬鈴薯

POTATOES COOKED in MILK

這道菜的煮法可以讓放久的馬鈴薯轉變成美味又新穎的菜色，如同法國人所說的「非凡」。每 500 公克去皮的馬鈴薯（老馬鈴薯切成厚片，個頭小的新生小馬鈴薯維持整顆）要用上 600 毫升的牛奶。把冰涼的牛奶澆到已放入鍋中的馬鈴薯，撒少許鹽，開小火煮軟，但不要軟到碎裂（火力過猛的話，把牛奶煮到沸騰會使馬鈴薯黏鍋，所以小心看好爐火）。把牛奶濾掉（牛奶可做成蔬菜高湯），把馬鈴薯倒到可耐高溫的淺盤，撒些肉豆蔻粉和百里香或羅勒，加入 3、4 大匙煮馬鈴薯的牛奶，不加遮蓋，放進烤箱，以攝氏 150 至 180 度（瓦斯烤爐刻度 2 至 4）烤 15 分鐘。

牛奶煮馬鈴薯配烤肉、牛排、雞肉或單獨食用都美味極了。

可供四至五人食用。

多菲內焗烤馬鈴薯

GRATIN DAUPHINOIS

這道菜來自多菲內，是滋味濃郁又充滿地方色彩的馬鈴薯料理。有些食譜用到起司和蛋，做出來的成品反而與薩瓦焗烤馬鈴薯（gratin savoyard）相似，不過也有當地權威人士宣稱真正道地的多菲內焗烤馬鈴薯只用馬鈴薯和高脂鮮奶油。我認為後者做出來的比較好吃，也比較簡單。對精打細算的主婦來說，500 公克的馬鈴薯用上 300 毫升的鮮奶油頗為奢侈，不過我倒是覺得，比起把鮮奶油澆到罐頭蜜桃或巧克力慕斯上，這樣更能細細品嘗鮮奶油的滋味。

這道食譜很難確切說是幾人份，兩人、三人或四人？這得要看用餐者的食量及之後上的是什麼菜。馬鈴薯的品種對這道菜有很大的影響，像基普芙樂（kipfler）或粉紅冷杉蘋果（pink fir apple）這類質地紮實的蠟質馬鈴薯，比市面上常見的愛德華國王（King Edwards）或陛下（Majestics）品種做出來的較為清爽且更道地。不過愛德華國王和陛下馬鈴薯倒是可列入備用的選項。

關於多菲內焗烤馬鈴薯材料的比例，我再補充兩個重點：第一點，馬鈴薯分量增加時，鮮奶油的比例可以稍微減少。因此 1.5 公斤的馬鈴薯用 750 毫升鮮奶油就非常足夠；第二點，烤盤的容量也很重要，要在裝完馬鈴薯和鮮奶油後，還留有大約 1.5 公分高度的空間。

500 公克的黃肉馬鈴薯去皮，切成厚薄一致的圓片，不能比硬幣還厚；用蔬菜刨切器（mandoline）來切，既省時又省事。這裡有個重點，切好的馬鈴薯片要用冷水徹底洗過再用布擦乾。接著把它們層層排列在事先用大蒜和奶油刷過的陶製淺烤盤上，撒胡椒和鹽。倒入 300 毫升高脂鮮奶油，丟入幾顆奶油丁，然後放進烤箱，以攝氏 150 度（瓦斯烤爐刻度 2）烤 1.5 小時。最後 10 分鐘把溫度調高到攝氏 200 度（瓦斯烤爐刻度 6），把表層的馬鈴薯烤得金黃酥脆。直接用原來的烤盤上菜。

我個人覺得品嘗多菲內焗烤馬鈴薯最好的方法，就是連烤盤直接端上桌充作前菜，之後接著吃烤肉或禽肉，或者配一大塊冷肉加綠色沙拉。

袋烤馬鈴薯

POTATOES in a PAPER BAG
Potatoes en papillote

尼可拉斯·索耶（Nicolas Soyer）是名廚艾力克西斯（Alexis）的孫子，他耗時多年研究袋烤烹飪（paper-bag cookery），並於一九一一年出版專書宣揚其卓越之處。事實上這個煮法的優點不勝枚舉，這道菜就可以證明用它來料理新生小馬鈴薯（new potatoes）的優勢。

烤箱預熱至攝氏 190 度（瓦斯烤爐刻度 5）。把 24 顆個頭非常迷你的新生小馬鈴薯刷洗乾淨，連同 2 片薄荷、1 撮鹽和 60 公克奶油放到大小合適的防油紙上。將其中的兩邊對摺後捲摺起來，再把另兩側往下摺，形成完全密封的紙袋。放到烤箱鐵架上烤 35 分鐘。馬鈴薯將會烤得恰到好處並且油香四溢。大塊頭的馬鈴薯要對切後才烤。

可供四人食用。

義式薯派

POTATO PIE
Torta di patate

馬鈴薯 1 公斤、牛奶 4 大匙、奶油 90 公克、鹽、胡椒、肉豆蔻、蛋 2 顆、麵包屑 3 大匙、格魯耶爾起司或貝爾佩塞起司（Bel Paese）90 公克、熟火腿、火腿腸或義式肉泥腸（mortadella）90 公克。

馬鈴薯煮熟，瀝乾後去皮，以壓泥器壓成泥，加入牛奶和 60 公克奶油拌勻，以鹽、胡椒和肉豆蔻調味。蛋在水裡煮滾後續煮 6 分鐘，去殼並各切成 4 等份。在直徑 20 公分的派盤裡層塗抹奶油，均勻地撒上一半分量的麵包屑。把一半分量的薯泥鋪到派盤並抹平，在上面撒起司、切成丁塊的火腿和蛋，再以剩餘的薯泥覆蓋。撒上剩餘的麵包屑，淋少許融化的奶油，把派盤放進預熱好的烤箱，以攝氏 190 度（瓦斯烤爐刻度 5）烤大約 40 分鐘。

可供五至六人食用。

菠菜酥派

SPINACH PIE
Spanakopittá

這道希臘及土耳其酥派是用薄葉酥皮（filo* pastry）做成的。

嫩菠菜 1 公斤、奶油 90 公克、鹽、胡椒、薄葉酥皮 90 公克、格魯耶爾起司 125 公克。

菠菜洗淨，汆燙後把水分擠乾。把菠菜切碎放入煎鍋，以 30 公克奶油略炒，撒鹽和胡椒，放涼備用。在方形的淺烤盤裡層塗抹奶油，底部鋪 6 張裁成比烤盤略大的酥皮，每張刷上融化的奶油後，再疊上另一張酥皮。

在鋪好的酥皮上均勻地鋪上菠菜，撒磨碎的格魯耶爾起司，再鋪上另外 6 張酥皮，一樣要刷上融化的奶油後才疊上另一張。酥皮邊緣也要刷奶油，然後放進預熱好的烤箱，以攝氏 180 度（瓦斯烤爐刻度 4）烤 30 至 40 分鐘。從烤箱取出放涼數分鐘，再倒扣到另一個烤盤，重入烤箱再烤 10 分鐘左右，把底層也烤得金黃酥脆。

可供四人食用。

*filo 為古希臘文 φύλλο 之讀音，葉片（leaf）的意思。

松子、葡萄乾炒嫩菠菜

SPINACH with SULTANAS
Spinaci con uvetta

嫩菠菜 1 公斤、鹽、奶油 30 公克、橄欖油 2 大匙、大蒜 1 瓣、胡椒、桑塔那葡萄乾（sultanas）30 公克、松子 30 公克。

菠菜洗淨，放入大湯鍋，撒少許鹽但不加水，加熱後自然會釋出大量水分。煮軟後撈出，用力把菠菜擠得愈乾愈好。在寬口鍋或炒鍋裡加熱奶油和橄欖油，加入菠菜、切碎的大蒜和少許胡椒，要不斷翻炒，以免菠菜和大蒜燒焦。當菠菜完全熱透，加入桑塔那葡萄乾和松子——葡萄乾應該事先在溫水裡浸泡 15 分鐘。蓋上鍋蓋，轉小火再煮 15 分鐘即可。

可供二至三人食用。

我夢想中的廚房
MY DREAM KITECHEN

　　各大媒體經常爭相報導夢想中的廚房，在刷亮的雜誌內頁或是百貨商店的廣告中都可見其蹤跡，我們幾乎要相信女人真的會花上半天時間想像貼皮流理檯、百葉窗式櫥櫃門和直立式洗碗機頂部的滑輪。一棟房子有這麼多房間，為何就廚房得是個夢想？這是因為過去的廚房大多數設備不全、採光不好、缺乏規畫嗎？舉例來說，我們並不常聽到夢想中的客廳、夢想中的臥室、夢想中的車庫、夢想中的儲藏室（這個夢我可以作好多個）。是的，對女人來說，就是夢想中的廚房！不過我個人的廚房與其說是個美夢，倒不如稱之為噩夢，但是我無法改變它。不過我倒是可以在這裡破例，改造噩夢，讓美夢成真。

我夢想中的廚房，空間必須寬敞明亮，空氣流通，並且靜謐溫暖。不要舉目所見都是工具、設備，從開火到完成都能井井有序。以上將改善我現在廚房中一些不方便之處。幾項經常用到的用具，比如湯杓、一兩只濾網、打蛋器、嘗味道的湯匙，基本上都掛在烤爐邊，重要的廚刀擱在架上，木匙則插在玻璃瓶中。木匙只要六支就綽綽有餘，而不是我手上現有的三十五支！烹飪作者特別容易購買多餘的廚具，我真希望能夠擺脫它們！

我的水槽必須是雙槽式，每邊都要有堅實的木質排水版。它應該（實際上也是）距離地面 76 公分／30 英吋，大約比一般尺寸高個 15.2 公分／6 英吋。我個頭較高，我可不想因為靠在跟我膝蓋差不多高的水槽工作，而提早駝背。沿著水槽上方的牆壁，我想要一座連續的木製板架，這個設計是用來盛放餐皿、餐盤、杯具，以及經常使用的廚具。這可節省大量的空間，也省去來回移動這些用具的時間。提及空間，會有木板或板條架子從天花板上一路延伸下來——像是農舍甚至是威爾斯或米德蘭縣（Midland）某些地區的小木屋，用來儲存麵包或乾燕麥餅的木架，而我將用來放報紙、筆記、雜誌——在我現在的廚房，每當要清空桌面時，它們就會被臨時堆到椅子上。桌子至關重要！它可充當書桌或餐桌，操作廚事時也需要用到它，因此桌面下的空間一定要夠寬，可以讓雙腿伸縮自如。如果重新更換，這次我希望它是橢圓形，面積必須寬大，而且是可以用濕布擦拭的木料，桌面就架在穩固的中央基座上。與水槽一樣，要比一般尺寸高一些。

廚房外就是冰箱，也就是它應該待的地方。我會把冰箱的溫度調到最低，大約攝氏 4 度。我向來無法理解那些把冰箱設在爐火旁邊的現代廚房，這跟把酒櫃設在爐火上一樣令我抓狂。略過儲藏室不談——對位居倫敦擁擠的住家而言，它簡直是遙不可及的謬想，因此要有第二個冰箱，容量要相當大，用於冷藏各類常備商品，比如咖啡豆、香料、奶油、起司和蛋，攝氏 10 度的恆溫設置讓它們安身立命。

我夢想中的廚房顏色與現在的廚房差不多，只不過更為明亮潔淨——冷銀、灰藍、沉鋁配上各種土棕色的陶罐，以及樸實的瓷器所呈現出的素白。我對彩色磁磚和花朵圖案的平檯敬而遠之，我也不喜歡過多黃綠色或橘紅色的器皿。我只接受餐具櫃上碗裡裝盛的酪梨與橘子。換句話說，當食物與食器無法勾人胃口，兩者在廚房中沒有發揮魅力時，那就表示當中出了問題。用具過多比不夠還糟糕。我一點也不羨慕在掛鉤上搖來晃去的進口工具、發出叮噹聲響的五金器具、像軍械庫的刀具，或者一整列炒鍋，以及我在新潮的廚房照片中看到的精美廚具廠牌。我真心以為大多數都是虛偽而造作。

至於爐具，我不認為我需要新潮的設計。我平日煮的分量並不大，通常是招待親密好友時下廚，因此一座四口爐的瓦斯爐對我綽綽有餘。烤箱大小必須適中，一定要是下拉門。空間足夠的話，我想要有一個專為烘烤麵包的獨立烤箱，或許再添個可控溫的櫥櫃來發酵麵團。總而言之，我認為烹飪作者所用的廚具最好與讀者類似，比較能理解家庭主婦所遇到的問題，也不要為求方便快速而使用昂貴的機器。

這一切都是為我設想的——我強調這純粹是我個人的，因為飲食作者的需求，與那些主要為絡繹不絕的客人或大家庭日常飲食做飯的人大相逕庭。我心目中完美的廚房就好像畫家的工作室，而不是一般傳統配置的廚房。

摘自《泰倫斯・康藍的廚房指南》，一九七七年

米飯
RICE

任何一位業餘廚師，無論天賦多高或多麼勤奮，還是有些弱點，如果老是針對這些知識或經驗上的缺失來自我評價，一定會感到懊惱和愚蠢。有些人可能無法把肉烤得恰到好處，而有些人做出的奶油醬可能是疙疙瘩瘩。自認對塔派或蛋糕毫無天賦的人，看到他人不費吹灰之力就可勝任時，仍然會意氣難平哪！有人認為打出美乃滋是世界上最容易的事，有些人卻視之為畏途。有人可以做出美味可口的米飯菜色，卻還是有人煮出一鍋米糊。而且絕對不出意料，當菜出問題，往往發生在宴客場合，或是烹煮的分量比平常還要多的情況。

有些錯誤一眼就可看穿，比如用通常拿來煮四人份的鍋具煮八人份的菜，此外，廚師常忽略一個事實，即使某些好掌控的肉品或燉鍋料理也有不按牌理出牌的時候，因此如果在烤箱中擺放過久，完成品的口感和賣相可能就毀掉了。或者準備了食譜兩倍重的肉塊，以為只要用兩倍長的時間烘烤就可以，而事實上要考慮的反而是體積及形狀，而非重量。

有些時候問題的起因是心理作用而非技術層面。就拿米來說，當一道米飯料理出問題，毫無疑問是因為廚師沒有烹煮這種米的經驗，未來他很可能把煮這種米視為畏途。然而再沒有比把飯煮壞更令人沮喪了。我絕對不會建議任何人於晚餐派對時，在沒有幫手的情況下煮燉飯，因為燉飯一有任何延誤就不好吃了。不過還是有其他更多烹煮米飯的方式，某些甚至是不需要計時，專為現代餐飲設計的菜色，也因此選用優質的米非常重要。有兩種優質米種可供選擇，長形的巴特那米（Patna rice）和圓米；巴特那米種中又以印度香米（basmati）為優，圓米的上選則是皮埃蒙特大米（Piedmontese rice），它又稱為阿伯利歐圓米（arborio ／ avorio），其米芯堅實，因此就算煮過久也幾乎不會毀掉整道菜。皮埃蒙特大米的風味比巴特那米更為顯著，它本身獨特的香氣優於任何調香料或調味醬，將成為這整道菜的主角。

謹記煮飯的重點，水的容量是米的十倍*，這已經綽綽有餘了，因此要先用馬克杯或玻璃杯量米，再倒入相對的水量。

---

* 西方人煮飯像煮麵條般，先用大量的水把米煮熟，再瀝去水分。

米蘭式燉飯

MILANESE RISOTTO
Risotto alla milanese

米飯之於北義大利（倫巴底、皮埃蒙特和維內托大區）有如麵食之於南義大利。我真希望知道是哪個天才，第一位意識到皮埃蒙特大米適合花時間細煮慢熬，因而成就了世所驚嘆的米蘭式燉飯。事實上，這個米種的煮法與所有的規則背道而馳，必須加入少量水，花時間烹煮，讓米粒釋放澱粉，使高湯變得濃稠滑順，而米粒雖然變軟卻略帶米芯，嘗起來彈牙有嚼勁，這也就是燉飯的特質。

經典的米蘭式燉飯僅用雞高湯和番紅花（saffron）來煮，熄火前拌入奶油和刨碎的帕馬森起司，吃的時候還要再加些起司和奶油。第二種做法是用牛骨髓和白酒煮；第三種做法則加入馬莎拉酒（Marsala）。不論哪一種方式，都是用番紅花調味。

厚底燉鍋裡放入 30 公克奶油，開中至小火融化。把 1 顆小洋蔥切碎，加入鍋炒上色，但不要變成棕色；加入 30 公克不帶骨的牛骨髓攪拌，牛骨髓可潤澤燉飯風味，不加也無妨。接著加入燉飯米，每人約 90 公克（義大利當地的用量可能會再多些；實際用量依照燉飯是當前菜或主菜而定）。攪拌米粒直到表面沾滿奶油，小心火候，米粒必須維持白色略帶透明。

倒入 150 至 160 毫升的不甜白酒，煮到酒液幾乎蒸發。這時候開始加入淡味雞高湯，高湯必須在另一只鍋裡備用，並保持微滾的狀態——每 300 至 400 公克的米粒，需要約 1.2 公升的高湯，高湯量不夠的話，就用熱水稀釋；每次加入 1 湯杓，待高湯被米粒吸收，就再加入 1 杓，這個階段不用一直攪拌米粒，不過留意鍋中的米粒總是好的。高湯用完後，就進入最後的步驟，這時要用木叉不斷攪拌米粒——用湯匙的話容易壓碎米粒；當米粒變軟，整鍋米飯呈現乳狀（小心不要攪拌過度，否則會變得黏稠），就可以加入番紅花。

加入番紅花比較恰當的做法是，把番紅花磨碎（每 400 公克的米粒用上 3 至 4 條番紅花絲），以大約一杯高湯浸泡 5 分鐘，濾出番紅花後，把泡過番紅花的高湯倒入燉飯中。拌入番紅花時，要連同 30 公克的奶油和 30 公克磨碎的帕馬森起司一起加進去，待起司融化就可起鍋。端上桌時，一旁一定得準備額外的奶油丁和刨碎的起司，吃的時候加些上去。

可供四人食用。

威尼斯豌豆飯

RISOTTO with GREEN PEAS
Risi e bisi, a Venetian dish

洋蔥1小顆、奶油45公克、肥瘦均勻的火腿60公克、去莢豌豆375公克、雞高湯或肉類高湯1.85公升、燉飯米350至400公克、帕馬森起司。

在鍋中融化15公克奶油，洋蔥切碎，放入鍋內炒軟。加入切成丁塊的火腿，稍微炒出油脂，再加入豌豆拌炒。待鍋裡食材與奶油混合均勻，倒入1大杯高湯煮到沸騰，加入米。接著倒入約600毫升的高湯，以小火煨煮，不用攪拌，煮到幾乎被米粒吸收，才繼續加高湯。威尼斯豌豆飯的煮法不像一般燉飯，它的成品比較濕潤，也不能過度攪拌，豌豆才不致破裂；吃的時候用叉子而不是湯匙，所以湯汁也不能過多。米粒一煮熟就拌入20公克的奶油和20公克磨碎的帕馬森起司。端上桌時，一旁一定得準備額外的奶油丁和刨碎的起司，吃的時候加些上去。

用清水取代高湯來煮的話，豌豆飯會比較清淡，可以紓緩暴飲暴食的腸胃。

可供四至五人食用。

威尼斯雞肉燉飯

CHICKEN RISOTTO
Risotto alla sbirraglia

大多數的雞肉燉飯食譜要求由雞架熬成的高湯，而這裡，雞肉預煮後流出來的雞汁滋味特別濃郁，因此我建議用清水煮即可，雞架和雞骨可留下來熬製其他湯品。

雞 ½ 隻（約 900 公克）、奶油或橄欖油、洋蔥 2 小顆（切成細條）、火腿或波隆那香腸 1 片、番茄 3 至 4 顆、西洋芹 1 支（切薄片）、大蒜 1 瓣（切片）、綠或紅色甜椒 1 顆（去籽囊並切成條）、乾燥蕈菇數朵、白酒 150 至 160 毫升、鹽、胡椒、香草、燉飯米 350 至 400 公克、帕馬森起司。

撕除雞皮，把肉自骨頭拆下並切成大長條。在厚底鍋中，用奶油或橄欖油把 1 顆切成細條的洋蔥炒到變金黃色。加入雞肉、火腿及其他蔬菜拌炒數分鐘，倒入酒滾煮 3 至 4 分鐘。以鹽和胡椒調味，並加入新鮮香草——馬郁蘭、百里香或羅勒，注入剛好淹過食材的熱水，蓋上鍋蓋，煨煮 45 分鐘，如果能放進烤箱煨煮效果會更好。這個部分可以事先煮好備用。

大厚底寬鍋中放入 30 公克的奶油或橄欖油，開中至小火融化，加入另 1 顆切成細條的洋蔥炒軟；加入米拌炒，讓米粒表面沾滿油脂。接著加入淹過米粒的熱水，熱水一被米粒吸收就再加入，全程開中火，並且經常攪拌，以免沾鍋，用少許鹽調味。當米粒幾乎煮熟，加入預煮的雞肉及湯汁，不斷攪拌，直到湯汁被米粒吸收並且米粒煮軟。最後加入 2 大匙刨碎的帕馬森起司和 30 公克奶油拌勻，即可熄火。燉飯可以直接連鍋端上桌，或者盛到熱盤後上菜。

可供四人食用。

加味飯
PILAFF RICE

提及加味飯，有埃及式、土耳其式、波斯式、中國式，天知道還有多少烹煮及調味的方式。這道加味飯是我自創，借用印度人的料理手法，調味則是參考黎凡特地區的習慣。

烹煮加味飯時，通常是以容量而非重量來備料。使用杯子或玻璃杯量米會較省事，因為添加的液體可以用同樣的容器測量，煮出成功的加味飯祕訣在於液體與米的比例是否正確，使用的鍋具也很重要，特別是初次嘗試的人，要選擇寬度及深度比例不會過於懸殊的湯鍋或雙耳鍋，無論是鋁鍋、生鐵鍋、鑄鐵鍋、銅鍋或陶鍋都沒關係，不過鍋底一定要夠厚並且是平底的。

我建議不熟悉煮米飯的人要先從兩人至三人的小分量起步，上手之後就可以照比例增量，並且嘗試不同的調味。

基本材料是細長的印度香米 1 玻璃杯。比例為 1 玻璃杯的米對 2 玻璃杯的水。（我使用的平底杯容量是 175 毫升。）

其他配料是澄清奶油或自印度商店購買的酥油 30 公克、洋蔥 1 小顆、小豆蔻 4 顆、小茴香籽或粉 2 小匙、薑黃粉（turmeric powder）1 小匙、鹽 2 小匙、月桂葉 1 或 2 片、2 玻璃杯的水。

米倒入大碗，注入剛好淹過的水，浸泡 1 小時左右。

在煮飯鍋裡（這道加味飯適合用 1.5 至 1.8 公升的飯鍋來煮）融化奶油，把切片的洋蔥炒到透明，但不能變成棕色。接著把小豆蔻去莢，連同小茴香籽和薑黃粉丟入研磨缽搗碎混合。薑黃粉的作用是要把米染成漂亮的黃色並且調味，而加入米之前要先用油把研磨好的香料炒香，這點非常重要，香料的味道會因此散發出來。

把米瀝乾，加到奶油和爆炒過的香料中，拌炒至米粒油光閃亮。撒鹽並倒入 2 玻璃杯的水，開大火煮到沸騰，然後投入月桂葉。

轉中火，不加鍋蓋，煮到水分幾乎被吸收，表層開始出現氣孔。整個過程大概要 10 分鐘。

把火力轉到最小。在米粒表面鋪上一塊吸水性強並摺成厚片的茶巾（用舊茶巾，因為薑黃會染色），再蓋上鍋蓋，繼續煮 20 至 25 分鐘。時間一到，米粒就會變軟，粒粒分明。用叉子從周圍往中央撥鬆，再盛到溫過的碗裡。米飯會呈現細緻的黃色，還帶有溫和的香氣。

加味飯可以配香料羊或牛肉串吃，不過我覺得單獨食用甚至更加美味，只要在起鍋前撒些桑塔那葡萄乾或一般葡萄乾（在水裡浸泡 1 小時，並先在小鍋裡加熱），再與米飯拌勻。烘烤過的杏仁或松子也是很出色的配料。

可供四人食用。

快速燻魚飯

QUICK KEDGEREE

舉辦派對時，我會提前準備做燻魚飯需要的米飯，把它與其他材料放在大碗裡，架在裝有微滾熱水的鍋裡保溫。

如果臨時要變出 2 至 3 人份的燻魚飯，我就用這個速捷的方式做。一旦了解烹煮燻魚飯的原則及變化性，你就可以套用到明蝦、貽貝、蔬菜、雞肉和肉類，但有一個必要條件，就是用好米。無論是細長的印度香米或短圓型義大利硬質米都可以，而用來做米布丁的軟質米就只會讓它變成──布丁。

燻黑線鱈（haddock）魚片 3 片、橄欖油 2 大匙、中型洋蔥 1 顆、咖哩粉 1 小平匙、米 4 大尖匙、桑塔那葡萄乾或蔓越莓乾 2 大匙、鹽、胡椒、全熟的水煮蛋 2 顆、巴西利、水、檸檬 1 顆、芒果甜酸醬（mango chutney）。

首先在燻黑線鱈上澆熱水，浸泡 2 至 3 分鐘，瀝乾後去皮，撕成適合入口的大小。

取一只直徑 25 公分的厚底煎鍋，燒熱橄欖油，加入洋蔥炒到變淺黃色。加入咖哩粉和米（不用洗），攪拌均勻。加入沖洗過的桑塔那葡萄乾或蔓越莓乾，倒入 600 毫升清水，開中火，不加鍋蓋煮 10 分鐘。加入黑線鱈，繼續煮到所有水分被吸收，米粒變軟，這會花上大約 10 分鐘。還是要緊盯著鍋子，小心不要黏鍋，攪拌時用叉子而不是湯匙，湯匙會把米粒壓碎。嘗一下味道，看看要不要加鹽。把整鍋飯盛到上菜盤，撒上切碎的水煮蛋和巴西利，喜歡的話還可丟入 1 大顆奶油球。一旁擺切成角的檸檬和芒果甜酸醬。

可供四人食用。

扁豆飯

KHICHRI

英國人在漫長的歲月中，緩緩地把扁豆飯進化成燻魚飯。這個所謂的前身並沒有用魚肉，就只是扁豆和米加上香料合煮罷了。它算是實惠又經飽的菜色。

扁豆飯可以單吃充作一餐，或者與肉類、雞肉咖哩一起享用。無論如何，都要附上一小盅甜酸醬，以及一份新鮮小黃瓜與薄荷優格醬，或類似的清爽小菜。這道扁豆飯中所使用的香料可隨個人口味更動，不喜歡薑味（少量的鮮薑與薑粉相比，較不嗆鼻）或丁香的話，可以用小茴香籽和薑黃代替，手上沒有小豆蔻就自由發揮，創造個人完美的綜合香料吧！如果說英式風味的燻魚飯都能從扁豆飯演變過來，那烹飪的世界中可真是沒什麼不可能。

多香果*6顆、白胡椒粒6顆、去莢小豆蔻6顆、薑粉¼小匙、丁香粉¼小匙、澄清奶油或酥油30公克、洋蔥1小顆、扁豆125公克、巴特那米或印度香米125公克、鹽、芒果甜酸醬或羅望子果肉（tamarind pulp）1至2大匙、清水3杯、檸檬汁。

多香果、胡椒粒和小豆蔻放入研磨缽搗碎，加入薑粉和丁香粉混合均勻。

在小湯鍋裡融化澄清奶油或酥油，把切成細條的洋蔥炒軟，小心不要炒成棕色。拌入混合好的香料粉，拌炒1分鐘左右。加入扁豆和米，與鍋裡的油脂和香料拌勻。以鹽調味，並加入甜酸醬或羅望子果肉，然後倒入3杯水。

不加鍋蓋，維持中火煮15分鐘或直到水分被吸收，過程中要用叉子不斷攪拌。這時候扁豆幾乎煮熟，不過米粒仍然夾生。把火力調到最小，架好節能板，擺上鍋子，用茶巾和鍋蓋覆蓋扁豆和米粒煮20分鐘。把煮好的扁豆飯倒到溫過的上菜盤，擠入檸檬汁，趁熱上菜。

大約可供三至四人食用，隨其他菜色分量有所變動。

* 多香果見第37頁譯註。

義大利魚市場
ITALIAN FISH MARKETS

　　義大利引人注目的市場中，就屬威尼斯里奧托市場最出色。初夏時，威尼斯黎明的光線是如此簡單而沉靜（一定要在早晨四點左右趕到，才可親臨市場甦醒的現場），因此使得每一項蔬菜、水果還有魚，都帶著不自然的濃郁色彩，以及宛如印刻般清晰的輪廓，各自閃耀著自身的生命光芒。甘藍是鈷藍色、甜菜根是深玫瑰色、萵苣是澄澈如玻璃的翠綠色。一束束華麗的葫蘆瓜花（marrow-flowers）好似在炫耀高雅的姿態，與淡粉色及白色大理石紋路的豆莢、淡黃色的馬鈴薯、青綠色的李子、水綠色的豌豆相互爭奇鬥艷。箱子裡裝的各色蜜桃、櫻桃和杏桃，與玫瑰紅的鯔魚、黃橙色的小蛤蜊和已被挖開並堆放在簍子中的女王扇貝相映成趣，而裝水果的箱子中鋪了藍色裝糖紙，與從貢多拉上卸貨的男子所穿的藍色帆布工作褲也頗為相襯。在別的岸邊市場中，一些我不熟悉的魚種顏色鮮活生動，看起來既神祕且陌生，卻又迷人閃亮，但也就只在威尼斯才會顯得秀色可餐。在這裡，尋常可見的鯔魚和長相怪異的大鯸魚都泛著優雅的淡紫色條紋，沙丁魚宛如嶄新銀幣般閃耀著光芒，而粉紅色的威尼斯大蝦新鮮而肥美，在破曉時分格外迷人。

　　當市場的男人們卸貨時，成箱成簍的貨物被搖搖晃晃地搬上岸，滿載貨物的貢多拉也隨之輕柔地搖擺，強勁的生命力和忙碌的吵雜聲，與隨處可見的塔夫綢細緻的顏色和威尼斯蛋白色的天空形成強烈對比，整個場景不禁讓人產生錯覺，似乎正在欣賞一齣前所未聞的精采芭蕾舞劇。

　　至於熱那亞市場，可說是另外一個世界了。沒有什麼可以改變我的結論：熱那亞是全世界最吵雜的城市。這一點也不新奇，遊客可以證實此言不假。相較之下，市場的廣場反而是可以休憩與暫時遺忘喧囂的地方，看著多種奇形怪狀的魚類從水裡被打撈出來的景象，不禁令人目眩神迷。它們的名字頗令人莞爾：鮟鱇或蛙魚、祈禱魚、海雞、蠍子魚、海貓、海棗、海松露、海蝸牛、海草莓，還有一種外殼覆蓋毛髮的貝類，俗稱毛茸茸的貽貝。無怪乎為了想嘗嘗這些新奇的漁獲變化出來的菜色，像是稱為布里達（burrida）的熱那亞燉魚，或者是由各種魚貝海鮮和蔬菜疊成巨塔再澆上綠色醬汁的拼盤，也就是廣為人知的「齋戒期閹雞」沙拉（cappon magro），任何稍具想像力的人都已做好心理準備，願意容忍熱那亞震耳欲聾的喧囂、電車和火車的碰撞聲、汽車煞車時的磨擦聲，甚至可以忍受餐館中巡迴表演樂師的苦惱哀嘆。

聖瑪格麗特（Santa Margherita）沿岸的魚市場也頗負盛名，這邊魚種的外表看來比較沒那麼嚇人，不過絢麗的色彩卻也堪稱特色。我們遠遠看見有人拿個大籃子，裡頭裝滿了草莓，走近一看，沒想到竟然是大明蝦（牠們煮之前的原色就是腥紅色）。一條條暗灰泛著綠色的小鮪魚閃著銀色磷光，像法國麵包般頭朝下被插入高高的簍子裡，棕色帶淡綠的小章魚好似剛被刷洗過的鵝卵石般排列整齊。別稱草莓海（fragoline di mare）的小墨魚是黑灰色，但用酒煮過就變成深粉紅，而滑不溜丟的玫瑰色小魚叫小姐魚，通常用來油炸。小螯蝦（scampi／langoustine）與明蝦相較之下略顯蒼白；而豔橘色的棘龍蝦（langouste）在猛烈搖晃不止的黑龍蝦旁邊，就顯得相當溫馴。

還有另一個獨領風騷的市場，就是位於薩丁尼亞島上的卡利亞里（Cagliari）。各種用來做薩丁尼亞特色魚湯（ziminù）的魚貨，分別裝在大如車輪的平簍中。銀色魚鱗帶著萊姆綠條紋的小肥魚；藍色、深褐色、淡紫色和青綠色的大章魚，或捲或繞，像是拼貼的海洋花。這裡也有頭上長個醜怪鉤子的鮟鱇，而長得冷硬如石的小蛤蜊在當地就叫斧蛤（arselle）、海松露、滑溜的沙丁魚，還有各種體型的紅鯔，有些與鯡屬差不多大小的魚，看起來就像玩具屋中的小魚。此外，肉質細嫩的龍蝦在薩丁尼亞也頗受歡迎。想要品嘗島上傳統的魚料理，只要把事先冷凍過兩天的魚簡單燒烤或油煎，就是莫大享受。鯔魚、片薄的新鮮鮪魚魚片和小蛤蜊的肉質又鮮又嫩，似乎只要在海水中洗過，就可直接入鍋。因此，複雜的醬汁和配料根本是畫蛇添足，事實上，義大利廚師最主要就是用油煎、燒烤和爐烤的方式來烹製海鮮菜色。

摘自《義大利料理》，一九五四年

魚、貝、海鮮

FISH, SHELLFISH and CRUSTACEA

水煮鮭魚配上小黃瓜和美乃滋勾人胃口，不過首次拜訪英國的遊客，如果經常在外用餐，很可能以為鮭魚是英國夏天僅有的魚類。事實上，鮭魚在早春時最為肥美，過了這段時期之後，難免有物非所值之憾。而虹鱒（salmon trout）的肉質極為細緻，夏季是盛產期，一直到八月底都不會令你失望。有預算的問題又想要點冷盤的話，鰈魚（sole）倒是可以用來取代一成不變的鮭魚。此外，魴魚（John Dory）、鯛魚、康瓦爾鱸魚和灰鯔這些較少為人知的魚種，不僅味道好，價格也平實，都很值得品嘗。

角鯊和鯖魚做成冷盤花費不多，紅鯔的價格相對高些，不過如果用乾茴香梗來燒烤，即可稱之為最美味的夏日菜餚。把新鮮的褐鱒油煎或炙燒，淋上大量融化的奶油，簡直是珍饈，用小虹鱒的話就略遜一籌了。話說回來，魚料理配上好醬料可以大大提升整體風味。我覺得烤鯡魚可說是便宜的奢侈品，因為實在太少見了，五月和六月是牠們的盛產期，滋味特別肥腴，過了這段時期的夏季，吃的時候可以考慮搭配新鮮香草和奶油，以及少許法式芥末醬。柔軟的鯡魚卵也是同樣情形，加點小巧思就可品嘗物超所值的美味。

螃蟹可做成各式湯品、沙拉和舒芙蕾，用量不必像其他甲殼類一樣多，只要少許蟹肉就可產生絕佳風味。除非你和魚販頗有交情，否則盡可能不要買蟹肉泥，它們通常摻雜了麵包屑，有時候已經失去鮮度了。

如果偏好燒烤、油煎、爐烤或水煮這類保留原味的烹調手法，可以嘗試搭配法式經典醬汁，比如荷蘭醬、馬爾他醬、貝西醬（Bercy）和雷莫拉醬（remoulade），或是一些較少為人知，用香草、杏仁、核桃、洋梨做成的醬汁，它們可以讓單純的魚鮮更為豐美。蔬菜中就屬酸模（sorrel）與淡水魚最合搭，但不要拿菠菜代替，第二順位則是番茄。用少量奶油把蘑菇、萵苣、櫛瓜和水田芥炒個幾秒鐘後切碎，它們與肉質細緻的魚類可說是天作之合。

炭烤紅鯔佐艾優里與瑚夷醬

GRILLED RED MULLET
with AÏOLI and SAUCE ROUILLE
Rougets à la provençale

艾優里醬（aïoli）材料：大蒜 2 瓣（用研磨缽搗成泥）、蛋黃 2 枚、鹽少許、橄欖油 200 毫升，
做法如美乃滋（見第 297 頁）。

瑚夷醬材料（rouille*）材料：把 250 公克烤軟並去皮的紅甜椒和 1 小匙紅椒粉打成泥；把 1 小
匙新鮮麵包屑在適量的水裡泡軟，擠乾後與甜椒泥混合。

在魚身上下各斜劃兩刀，刷上橄欖油。兩面各烤大約 10 分鐘，配上兩款普羅旺斯醬料——艾優
里醬和瑚夷醬——一起吃。整條魚快要吃完時，把艾優里醬一點一點加到瑚夷醬，嘗嘗兩種醬料
混合的滋味。灰鯔也可如法炮製。

每人份一尾魚，魚的體型如果較大就半尾。

*rouille 是法文鐵鏽的意思，這道醬汁因成品色澤呈鏽紅色而得名。

烤海鯛
BAKED BREAM

用橄欖油和檸檬汁塗抹海鯛，再與 1 片月桂葉、巴西利、百里香、鹽和胡椒醃漬 1 小時。

把魚放烤盤裡，不加遮蓋，放進預熱好的烤箱，以攝氏 190 度（瓦斯烤爐刻度 5）烤到皮酥肉嫩。

烤好的海鯛可以配白酒紅蔥醬一起吃。做法如下：把 1 顆紅蔥（shallot）切碎，與 1 杯白酒煮到酒液收乾至一半；加入 ½ 小匙法式芥末醬、60 公克奶油、2 顆絞碎的熟蛋黃、鹽和胡椒拌勻，起鍋前撒切碎的巴西利。

體型較大的灰鯔（grey mullet）也可用這方式料理，但是要把魚徹底清理乾淨，在水龍頭底下沖洗，因為灰鯔有時候嘗起來帶些土味。

可供二至三人食用。

白酒橄欖煮灰鯔
GREY MULLET
with OLIVES and WHITE WINE
Mulet aux olives et au vin blanc

這個做法很簡單，成功率極高，紅鯔、海鯛、海鱸、牙鱈和鯖魚等多種魚都可用上。

500 公克的全魚 2 尾，橄欖油 5 大匙，百里香或茴香 1 小枝，或月桂葉 1 片（依喜好添加）、鹽、胡椒、白酒 2 至 5 大匙、去核黑橄欖 12 顆、檸檬或柳橙片數片。

把清理乾淨的魚放到可耐高溫的淺橢圓形烤盤，倒入橄欖油並加入香草，撒鹽和胡椒，再淋上白酒。放進預熱好的烤箱，以攝氏 180 度（瓦斯烤爐刻度 4）烤 15 至 20 分鐘。

接著加入去核的黑橄欖再烤 5 分鐘。可以直接用原來的烤盤上菜，或者把魚移到餐盤，無論哪一個方式，每尾魚都要澆上烤出來的湯汁並沿著魚身鋪檸檬或柳橙片。冷、熱食都適合。

可供二至三人食用。

馬賽烤海鱸

SEA BASS with MUSHROOMS and POTATOES
Bar à la marseillaise

鱸魚是地中海最美味的魚類之一；把魚放在茴香上烤，就是著名的普羅旺斯茴香烤魚。英國康瓦爾（Cornwall）的鱸魚與地中海產的鱸魚幾乎一樣美味，值得購入。

1.25 至 1.5 公斤的鱸魚 1 尾、橄欖油 180 毫升、不甜白酒 100 至 120 毫升、茴香葉 1 小把、大蒜 2 瓣、洋蔥 250 公克、蘑菇 250 公克、黃肉馬鈴薯 500 公克、鹽和胡椒。

把魚放烤盤裡，倒入橄欖油和酒，鋪切碎的茴香和大蒜，四周擺洋蔥片、蘑菇和切成薄片的馬鈴薯。撒鹽和胡椒，倒入 600 毫升的清水，放進預熱好的烤箱，以攝氏 190 度（瓦斯烤爐刻度 5）烤大約 1 小時。

烤好後與艾優里醬或瑚夷醬（見第 176 頁）一起端上桌。

可供四人食用。

袋烤虹鱒

BAKED SALMON TROUT
Truite saumonée au four

很少有人有大到可以煮一整尾大魚的魚鍋，不過把魚用防油紙或鋁箔紙包好，放進烤箱烘烤，卻可得到比較好的成果。

海鱸用這個方式烹煮也是極為美味。

準備一張比虹鱒身體長約 15 公分的鋁箔紙，在表面抹一層厚厚的奶油，如果打算吃冷的就抹橄欖油。魚放在鋁箔紙中央，摺起鋁箔紙兩側，把魚包起來，接口處和兩端要捲緊，以免烤出來的湯汁外流。靠近虹鱒頭尾的鋁箔紙抹的奶油或橄欖油要多些，因為這兩處容易沾黏。

烤箱設定攝氏 140 度（瓦斯烤爐刻度 1）先預熱 10 分鐘。把包好的魚放在烤盤再進烤箱。一尾 1 公斤的魚要烤 1 小時。接下來你就只須等魚烤好，把魚放到溫熱的餐盤上，剝開鋁箔紙，把裡面的魚和湯汁倒出來。烤好的虹鱒配上本身的湯汁和一小盅剛融化的奶油一起吃就可以了，實在不需要任何醬料。想要冷食的話，可以搭配綠茸醬（見第 298 頁），如果是配艾斯考費耶（Escoffier）的辣根核桃醬（見第 302 頁），更是再好不過了。魚還溫熱時比較好去皮，其實只要不烤過熟都不難上手，不過處理時要輕巧且有耐心。

此外，想要做成冷盤的話，出爐數小時後就可動手，不要放到隔天，滋味肯定有差。

多維爾式煮鰨魚

FILLETS of SOLE with CREAM and ONION SAUCE
Fillets de sole deauvillaise

這道魚的材料組合頗令人好奇，不過，與諾曼第人一樣喜歡洋蔥的老饕就會欣然接受。

魴魚、海鯛、牙鱈或鰈魚都可用這個方式來煮。

去皮後洋蔥 180 公克、奶油、鰨魚 2 尾，片好魚片、西打（cider）或白酒 150 毫升、檸檬、鹽、鮮奶油 300 毫升、肉豆蔻、胡椒、法式芥末醬、麵包屑。

洋蔥切碎。在厚底鍋中融化 45 公克奶油，以小火把洋蔥炒到變黃且略帶透明，但不要變成棕色。與此同時，把拆下的鰨魚魚骨、西打或白酒、300 毫升清水、1 片檸檬和少許鹽煮 10 分鐘，再過濾成魚高湯。用攪拌器把鍋裡的洋蔥打成泥，加入 2 大匙剛煮好的魚高湯和鮮奶油拌勻，煮到醬汁滑順濃稠。用刨細的肉豆蔻粉和少許現磨胡椒粉調味，嘗一下味道，看看是不是要加些鹽，最後再拌入 1 小匙法式芥末醬。上述醬汁可以事前準備。

鰨魚要用剩餘的魚高湯來煮，小火煮 5 分鐘綽綽有餘。把魚片移到事先溫過的橢圓焗烤盤，澆入醬汁，並在爐上重新加熱。撒上麵包屑，丟入幾顆奶油丁，放入燒烤機烤 3 分鐘，烤好就與奶油煎香的麵包片一起端上桌。

可供四人食用。

大菱鮃佐梅斯醬

TURBOT with CREAM and HERB SAUCE
Turbot sauce messine

在此昭告那些可以拿到龍蒿和雪維草*的人，有一款來自洛林（Lorraine）的梅斯醬，它由香草與鮮奶油製成，在夏天時最適合用來搭配魚肉。選購一片1公斤多的大菱鮃魚片，魚骨很大，所以四個人分食，分量並不會過多。

把各6枝的龍蒿、雪維草和巴西利葉片，以及2小顆紅蔥切碎備用。把60公克奶油和1小匙麵粉揉合均勻，加入1小匙法式芥末醬、2枚蛋黃打成的蛋液和300毫升鮮奶油，連同切碎的香草和紅蔥充分混合，稍加調味後放入小鍋。把小鍋隔水加熱，不斷攪拌，直到醬汁濃稠，小心不要煮到沸騰。

大菱鮃放到烤盤，倒入剛好淹過的水和牛奶，兩者分量要相同。分切的大菱鮃烹煮時容易乾柴，因此要用大量的液體淹蓋，好讓魚肉維持濕潤。以鹽調味，並丟入1枝新鮮龍蒿和巴西利，用抹過奶油的防油紙封住。

把烤盤放進預熱好的烤箱，以攝氏160度（瓦斯烤爐刻度3）烤大約55分鐘，直到魚肉輕輕一扯就從骨頭脫離。大菱鮃上下兩片厚薄不均，因此烘烤的時間要依所挑選的魚片厚度略作調整。烤好後把魚盛到溫熱的餐盤，一旁備好醬汁，在魚片上擠1小顆檸檬的果汁，立刻端上桌。

*雪維草見第43頁譯註。

漁夫蛤蜊湯

FISHERMAN'S CLAMS
Vongole alla marinara

這道粗獷的常備菜色在海港附近的小館屢見不鮮。即使在倫敦餐館,用這個做法煮貽貝,也能充分保存貽貝的海洋風味。

刷洗 2 公升容量的小蛤蜊或貽貝,放入厚重的湯鍋,開大火。不加任何液體,就以牠們的原汁煮。起初先蓋上鍋蓋,當殼開始打開,就掀開鍋蓋。這時加入切碎的巴西利和大蒜。

小蛤蜊或貽貝的殼都打開就可熄火,連同煮出來的湯汁一起上菜。

可供三至四人食用。

白酒培根煮扇貝

SCALLOPS with WHITE WINE and BACON

這道扇貝小菜極為出色，豬肉或培根與海鮮的搭配聽起來似乎很怪異，卻是古老而美味的組合。

奶油 15 公克、紅蔥 1 或 2 顆、鹽醃五花培根或未經煙燻的培根 60 公克、扇貝 4 大顆、胡椒、麵粉 1 小匙、白酒 150 毫升、巴西利。

在炒鍋裡融化奶油，放入切碎的紅蔥和培根丁拌炒。把洗淨的扇貝切成大丁塊，加胡椒但不加鹽，撒上麵粉拌勻。一旦紅蔥變成淡黃色，豬肉開始吱吱作響，把扇貝放入炒鍋，以小火炒 2 至 3 分鐘，用濾杓把扇貝盛到餐盤。原鍋加入白酒，轉大火煮到稍微濃稠，邊煮邊攪拌。把煮好的醬汁澆到扇貝上，撒上切碎的巴西利即可上菜。

可供二人食用。

貽貝與香料飯

MUSSELS with SPICED RICE
Moules au riz à la basquaise

這道菜做成小碟可當前菜，冷熱皆宜。分量增大的話就很適合當派對食物。煮香料飯所用的水分是米的兩倍，比如 4 杯高湯（包括橄欖油）可煮 2 杯米。

細長的印度香米 1½ 杯、小牛或魚高湯 2¾ 杯、橄欖油 ¼ 杯、西班牙臘腸（chorizo）或其他香腸 90 至 125 公克、紅或綠辣椒 ½ 根、紅椒粉 1 小匙、貽貝 1 公升容量、明蝦數隻、檸檬角。

用大量清水煮米，不加鹽，滾煮 7 分鐘後撈出，放入濾鍋，在水龍頭底下把澱粉沖掉。

米粒放入陶鍋或可耐高溫的容器，加入高湯、橄欖油、香腸丁、去籽去芯並切成細圈的辣椒和紅椒粉，在爐上煮到微滾。在鍋上鋪一塊布並蓋上鍋蓋，放進預熱好的烤箱，以攝氏 180 度（瓦斯烤爐刻度 4）烘烤 20 至 25 分鐘。這時米粒會把水分吸乾，晶瑩剔透且香氣四溢。趁空檔把貽貝放入鍋中，加入少許清水，開大火煮到殼張開，貝肉留在殼裡；同時用少許油把明蝦略煎。把煮好的米飯倒到淺盤，排上貽貝和明蝦，備好檸檬即可上菜。

可供四人食用。

白酒煮貽貝

MOULES MARINIÈRE

白酒煮貽貝有多種做法，以下列舉其中三種。

洋蔥 1 小顆、大蒜 1 瓣、西洋芹 1 小支、白酒 150 毫升、胡椒、貽貝 3 公升容量、奶油 30 公克、麵粉 15 公克、巴西利。

大煎鍋裡放入切碎的洋蔥、大蒜和西洋芹，倒入白酒和大約 600 毫升的清水，加胡椒但不加鹽，最後加入洗刷乾淨的貽貝，蓋上鍋蓋，煮到殼打開。把貽貝撈出，放在大湯盅裡並加以保溫；鍋裡加入奶油和麵粉，稍微收乾湯汁，邊煮邊攪拌。把醬汁澆到貽貝上，撒切碎的巴西利，趁熱上菜。

把貽貝盛到湯盤，用叉子與湯匙享用。

另一個做法要先準備醬汁；在鍋裡放入少許奶油、麵粉、切碎的洋蔥和西洋芹以及白酒，做少量的油糊 *（roux）。加入清水和貽貝煮成略為稀薄的貽貝湯。貽貝殼一打開就可以熄火上菜。這個做法的好處是，貽貝一煮好就上菜，因此貝肉嘗起來嫩又鮮甜，有別於重新加熱的貽貝。千萬不要把醬汁煮得過稠，否則你將會有一盤白醬煮貽貝。

或許最普遍的做法是，把貽貝放入鍋裡，加白酒但不加水，丟入切碎的巴西利和洋蔥或大蒜一起煮，殼一全開就立刻上菜。

吃這道白酒煮貽貝，源源不絕的法式麵包必不可少。

可供四至六人食用。

---

* 油糊：油脂與麵粉拌炒而成的混合糊，用以稠化湯類或醬汁。油脂與麵粉的用量通常是一比一。

白酒燒海鮮

RAGOÛT of SHELLFISH

燙熟的小螯蝦 12 隻、貽貝 2 公升容量、洋蔥 1 顆、奶油 15 公克、番茄糊*1 大匙、大蒜 4 瓣、鹽、胡椒、糖 2 小匙、龍蒿、麵粉 1 大匙、白酒 300 毫升、蘑菇 125 公克、扇貝 6 顆、檸檬汁、巴西利。

首先把小螯蝦從頭到尾對半切開，保留 6 份帶殼的半隻小螯蝦做裝飾，其餘的取出蝦肉切成大塊。把貽貝刷洗乾淨。

在深鍋裡用奶油把切薄片的洋蔥炒到變金黃色，加入番茄糊、蒜末、鹽、胡椒、糖和龍蒿，煨煮 5 分鐘。加入麵粉拌勻，變得濃稠時，再把事先加熱的白酒倒入，煮 15 至 20 分鐘。接下來加入蝦肉、蘑菇片、對半橫剖的扇貝和貽貝，把火轉大，煮到貽貝殼開始打開，這時加入保留的帶殼小螯蝦再煮 1 分鐘。把海鮮盛到深底湯盅，擠些檸檬汁，撒切碎的巴西利，再舀到湯碗裡趁熱食用。

黑色的貽貝殼配上粉紅色蝦肉，整道菜搶眼出色。可以用棘龍蝦尾取代小蝲蝦，數量減少即可，每一隻可切成 4 到 6 塊。

可供四至六人份前菜。

* 番茄糊見第 98 頁譯註。

庫尚龍蝦

LOBSTER COURCHAMPS

這道龍蝦不是某個地區的經典菜色或一看即知的傳統料理，喜歡叫它什麼都可以。它其實沒有特有的名字，而我以庫尚伯爵（Comte de Courchamps）的名字為這道菜命名。我曾在三本書中讀過這道菜，第一本的作者就是庫尚伯爵，其他兩本分別由法國文豪大仲馬（Dumas the Elder）和伯瑞斯男爵（Baron Brisse）所著。這三位先生想像力豐富，卻不約而同地把這道菜稱為龍蝦蘸醬。

燙熟的中型雌龍蝦或棘龍蝦（langouste）1 隻，約 750 公克、紅蔥 2 小顆、切碎的龍蒿葉 1 小尖匙、切碎的巴西利 2 大匙、鹽、胡椒、法式芥末醬不到 1 小匙、醬油 24 至 30 滴、果香味普羅旺斯橄欖油約 6 大匙、小顆檸檬果汁 ½ 顆的量、波爾多茴香酒（anisette de Bordeaux）1 小匙。

龍蝦剖開，把紅色的龍蝦卵和淡色的龍蝦脂取下，放入研磨缽磨碎。加入切得極碎的紅蔥、龍蒿和巴西利拌勻，以鹽、胡椒和醬油調味，再一點一點滴入橄欖油，邊加邊攪拌，然後加入檸檬汁和茴香酒。把醬汁分成 2 份，倒入小碗或小玻璃盅內，放在裝龍蝦肉的餐盤中上菜，食用時邊吃邊蘸醬。龍蝦肉也可以切成扇形，再填回龍蝦殼內。

大多數的龍蝦蘸醬，包括美乃滋，對這種豐美緊實的肉質來說都過於厚重，而這個醬汁除了清淡優雅之外，還有其他優點值得推薦。除了法國人，很難有人把茴香酒當利口酒一飲而盡，至少我沒辦法；我的櫥櫃中就有一瓶放了好幾年的茴香酒。而不常做中式料理的話，一小瓶醬油幾乎可以放到天荒地老，但是，龍蒿一年四季都可買得到，因此隨時都可動手做這道醬汁，你需要的就只是燙熟的新鮮雌龍蝦。

可供二人食用。

內內特之家的棘龍蝦

LANGOUSTE in TOMATO and BRANDY SAUCE
Langouste comme chez Nénette

這道菜來自朗格多克（Languedoc）的塞特港（Sète），棘龍蝦與著名的美式龍蝦類似。這裡的做法由內內特夫人提供，是她餐廳的食譜。

「把 1 隻棘龍蝦切成數段，但不要太大塊，切好就放入已經把橄欖油燒得冒煙的寬口淺鍋，撒鹽和胡椒，翻炒到蝦殼變成紅色。炒棘龍蝦的同時，另外用少許油爆香切細的紅蔥和 1 至 2 瓣拍扁的大蒜。

「倒入 1 小杯上等干邑，點火焰燒；火焰一熄滅，加入 ½ 瓶香檳或夏布利白酒（Chablis）和 1 小匙番茄糊＊。蓋上鍋蓋，用中火煮約 20 分鐘。把煮熟的棘龍蝦取出並保溫備用。

「用細孔濾網過濾醬汁，倒回鍋中再次煮滾，以少許卡宴辣椒粉（cayenne）調味，起鍋前加入 3 小匙艾優里醬（見第 301 頁）。

「把醬汁澆在棘龍蝦上，撒切碎的巴西利即可。」

可供二人食用。

＊番茄糊見第 98 頁譯註。

燉墨魚

SLOW-COOKED SQUID
Calamari in umido

墨魚 500 公克、鹽、檸檬汁、洋蔥 2 大顆、油、番茄 2 至 3 顆、番茄糊*2 小匙、馬郁蘭、百里香、大蒜 3 瓣、紅酒 150 毫升。

清洗墨魚時要把內臟從像口袋那頭的身體掏除，扯掉透明的軟骨，紫色外皮也要撕除，在溫水中進行比較好處理。

摘除頭部兩側的小墨囊（要在一碗溫水中快速進行），眼睛和觸鬚中央的顎片也要拿掉。大仲馬說墨魚：「沒有鼻子，但有肛門（在臉的中央）。」然後在水龍頭底下沖洗墨魚，直到沒有沙礫。完全沖洗乾淨後，整條墨魚是乳白色。

把墨魚身體切成約 0.5 公分寬的環狀，觸鬚切成條狀，用鹽和檸檬汁調味。接下來在鍋中燒熱鋪滿鍋底的橄欖油，放入切成環狀的洋蔥，炒到變成金黃色時，加入墨魚。2 分鐘後加入切好的番茄、少許馬郁蘭和百里香，以及大蒜。再過 2 分鐘，倒入紅酒；讓湯汁稍微收乾，加入番茄糊，就 2 小匙，不要再多。加入剛好淹過鍋中材料的熱水，蓋上鍋蓋，用小火慢燉 1.5 小時。配米飯或烘香法式麵包一起吃。

可供二至三人食用。

* 番茄糊見第 98 頁譯註。

收藏者的食譜
DISHES for COLLECTORS

　　橫跨法國兩百英里就只是為了一道豬肉與蜜李的菜色，乍聽之下似乎頗為荒謬，不過也正是這道菜不尋常的特質，我才甘心如此奔波跋涉。肉類與水果的組合不僅在法式料理中極為少見，法國人甚至喜歡拿此當例子，調侃其他國家不文明的飲食習慣，尤其是針對德國人與美國人。因此當我得知法國美食重鎮圖爾（Tours）有這道地方特色菜，即使當地以盛產蜜李著名，這個事實還是令我驚訝不已。

　　我很清楚去哪兒品嘗這道菜，我曾經在某個場合，於「圖爾燒烤餐廳」（Rôtisserie Tourangelle）的菜單上看到它，而當時還有其他更吸引我的菜餚，因此與這道煨豬肉佐蜜李醬失之交臂。這次我不僅希望能獲得它的做法，也想窺知這樣的組合為何可在保守的法式料理中占有一席之地。

　　從奧爾良（Orléans）驅車前往圖爾途中，我首度閱讀米其林指南對「圖爾燒烤餐廳」的描述：搬遷中，心中立刻浮起不祥的預感。好！我們計畫早點抵達圖爾，一到當地就立刻查詢餐廳是不是正忙著搬遷。如果是的話，我們就不在當地停留，直接轉往朗熱（Langeais）尋找候補方案——據說當地有一家餐館的菜值得特別前往品嘗。那晚之後我們即將北上到布根地，因此我們不想搞砸那一夜。幸好時間充裕，而那個下午一切順利美好，羅亞爾河的鄉間景色沐浴在初夏的陽光中，燁燁生輝，我們疾駛其間，中途還特地參觀了舍農索城堡（Chenonceaux）。

　　晚間七點後我們進入圖爾主要的街道，找到遊客中心詢問。「沒有，」漂亮而幹練的女士答覆，「還沒搬遷，目前正常營運。」我的同伴說：「未來兩年內才『搬遷中』，還真是大驚小怪！」十五分鐘後，我們的車子停入迷人的「中央旅館」庭院，訂好房間，並把行李卸下。就在進入電梯前，我回到櫃檯，詢問女接待員是否願意打電話給餐廳幫我們預訂一張桌子，因為我們有點遲了。而離去之際，我聽到她用法文說：「什麼？沒開！」

沒錯，當天正是搬遷的首日，餐廳將停業兩星期。這整件事其實怪不到遊客中心那位漂亮的女士，但是……唉，再說那時啟程去朗熱也來不及了。我們決定在圖爾用餐，充分享受這一晚。我向女接待員解釋整齣鬧劇的始末，由於她感同身受，對我們開了兩百英里的路程就只為了一嘗美味，竟然一點也不覺得奇怪，因此我們兩人幾乎都要流下淚來。她說圖爾所有的餐廳都非常出色，隨便一家館子都能讓人大快朵頤。然而一嘗煨豬肉佐蜜李醬反倒成為我們當時的執念，此外，這裡還有哪家餐廳能與「圖爾燒烤餐廳」一樣舒適迷人並富吸引力！

接下來女接待員花了二十分鐘，代表我們打電話問遍整個圖爾市，皇天不負苦心人，最後她將我們送往一間離旅館只有兩分鐘腳程的著名餐廳。我真希望整個故事的結尾是，那是一處別具洞天、令人目不暇給、比我們錯過的那家好上數十倍的地方，遺憾的是事實並非這般戲劇化。那家餐廳其實挺不錯的，經理相當和善，我們就座後，一邊飲用怡人的武弗雷（Vouvray）白酒，一邊等酸模煮鰣魚（alose a l'oseille）上菜——把鰣魚（shad）燒烤後，再與酸模一起燜煮，直到酸模化成泥。羅亞爾河的鰣魚產期很短，我們正好趕上，整道菜出乎意料地美味，鰣魚的細刺並不像一般人形容的那麼多。接下來就是餐廳版本的這道豬肉名菜——漂亮的肉塊配上非比尋常的醬汁。菜一端上桌，我們就意識到，任何一位水準之上的法國廚師都有能力把這種外型不出色的食材烹調得色香味俱全！

這道菜的確值得所有的兵荒馬亂，光是醬汁就令人回味再三，但我們當時的狀況可說是強弩之末。那天除了舟車勞頓，我們還品嘗清新爽口的樸伊（Pouilly）和桑賽爾（Sancerre）葡萄酒（無論如何，現場品飲的滋味就是不同），碰上奧爾良某家烘焙坊可怕的糕點，喜悅與失望的情緒不斷交相迭替，使我們胃口大失。這還沒算上分量超大的酸模煮鰣魚。當時整家餐館都知道某些英國人特別為了煨豬肉佐蜜李醬來用餐，上菜時分量之大可想而知。我們不僅嘗了這道菜，也問了烹調的方法，至此也就瀕臨崩潰邊緣，然而，餐館和女主人才剛熱身。如果我們對地方菜色有興趣，要不要試試他們的梭子魚佐白奶油醬（brochet au beurre blanc）和龍蒿奶油烤雞（poulet á l'estragon）？或者是全鴨糜凍（dodine de canard）？早知道就應該點一、兩片鴨肉菜色當前菜淺嘗即止，我們的胃或許還有空間容納當地的起司和甜點。

好奇殺死一隻貓。我們還是嘗了全鴨糜凍，它並不像大家所熟知的紅酒燉鴨菜色，而是一道滋味濃郁，用全鴨做成的肉凍，非常適合當前菜，不幸的是，經過那道豬肉……最後，我們毫無戰鬥力地點了咖啡，沒有沙拉，沒有起司，更沒有甜點。

付完帳單後，我們再三致謝並留下無數的讚美。我慘兮兮地意識到，我們愧對餐廳熱情的招待，甚至讓他們誤以為我們對晚餐的食物不滿意。

很久之後我才有勇氣整理這道食譜。當我完成時，再度看到排列整齊的小肉塊、泛著青銅及黃銅油光的醬汁，以及順著白色長盤排列黑亮的酒漬蜜李，我認為跋涉兩百英里去朝聖像這樣賞心悅目的菜色，真是不虛此行。未來當我有較好的食慾和胃口，我將再度拜訪圖爾這家餐館，彌補那晚未曾盡情享受餐廳食物的缺憾。
（食譜請見第 248 頁）

摘自《時尚》（Vogue），一九五八年

肉類
MEAT

據說法國廚師魔法般的烹飪技巧是用次級材料作菜練出來的，因為他們沒有上等食材。這當然是無稽之談。法國廚師尊重優質食材，當然也在上面投注許多心思。然而法國廚師和主婦的態度卻相當理性，他們清楚並非每條來自大海的魚都是鰨魚，即使精心飼養的動物，也不是每塊肉都是上等牛排或肉排，因此他們都具備了一種能力，就是可以使用與處理豪華烤肉或出色菜餚相同的技巧和手法，來烹煮肉質粗糙的魚類、過老的禽鳥和次級或再低一等級的肉品。

有經驗的法國肉販在分切便宜部位的肉塊時一點兒也不馬虎，與處理高級部位一視同仁。比如把羊肩及羊胸、牛肩及牛腩、小牛膝和豬五花整理得乾淨清楚，主婦們一目了然，採購回家後，她們不需要花功夫修邊或去骨，因此不會有任何損失，包括食材和時間。燜煮牛肉、鍋烤牛肉、布根地紅酒燉牛肉或清燉牛肉蔬菜鍋所需要的牛肉，肉販早已分門別類地排好，根本不必特別預訂，也不用請肉販把脂肪嵌入肉中或解說何處需要加工。這也就是在英國做法式料理時的難處，因為兩地不僅在切割與縫合、修邊、穿脂與綑綁的細節處不同，把動物骨架拆卸成塊的系統也大相逕庭，特別是牛和小牛，因此在英國想烹調法式料理的清燉牛肉蔬菜鍋、燉羊腿、烤小牛肉或者煎肉排時，要買到正確的肉品可真要大費周章。

因此，在這一章節中所用的肉類，我盡可能使用英國的稱法或是可替代的部位。

普羅旺斯燉牛肉

PROVENÇAL BEEF and WINE STEW
La daube de bœuf provençale

光是普羅旺斯當地就有多種不同的燉肉菜色，更別提其他地區借用後衍生出來的版本，因為再怎麼說它是主婦的家常菜。有些做法會把牛肉切成小塊，有的是直接一整塊肉下去燉；牛肉之外的材料就看手邊有什麼就煮什麼，食用的方式則因地區而異。

對於那些下班回家還要做晚餐的人，這道燉肉非常實用。先煮一個半小時，再熄火燜一整晚，隔天就可以派上用場了。只要一開始沒有煮過頭，這道用紅酒燉的牛肉回鍋加熱兩、三次之後，味道甚至比剛煮好時還好。這裡標示的食材分量是做這道菜的基本分量，可供四或五人食用，如果要當派對菜色，當然可以煮兩倍甚或三倍量，要注意的是，燉煮堆疊在深鍋裡的肉肯定比鋪在淺鍋裡的更花時間，因此烹煮的時間要依據鍋子容量以及食材多寡稍加調整。

這道菜做法雖然簡單，完成品嘗起來還是濃郁十足，保有這類細火慢煮的酒香燉牛肉的特色。燉煮的鍋具可以考慮容量一公升寬而淺的陶鍋、鑄鐵鍋或銅鍋。

牛上臀肉 1 公斤、未煙燻五花培根或鹽醃豬肉約 175 公克、胡蘿蔔 2 根、洋蔥 2 顆、新鮮豬皮約 90 公克、番茄 2 顆、橄欖油 2 大匙、大蒜 2 瓣、由百里香、月桂葉、巴西利和一些柳橙皮紮成的香草束 1 把、調味料、紅酒 160 毫升。

把肉切成大約半張明信片大小，厚約 0.8 公分。培根或醃肉要買片狀，再切成小丁即可。

胡蘿蔔削皮切片，洋蔥去皮切片。把豬皮上的肥肉刮乾淨並切片，豬皮可以讓湯汁風味濃郁。番茄去皮切片。

在鍋中倒橄欖油，依序放入培根、蔬菜和一半的豬皮。小心地把肉片彼此重疊堆上去。大蒜用刀拍扁，連同香草束塞入食材中央。撒鹽和胡椒，用剩餘的豬皮蓋住。不加鍋蓋，放在爐上用中火燉煮。

十分鐘後，把酒倒在另一個小湯鍋，快速煮滾再用火焰燒，晃動鍋身好讓火焰散布開來。待火焰熄滅，把沸騰的酒液澆在肉上。用防油紙或鋁箔紙封住鍋面，再蓋上可以密封的鍋蓋。把鍋子放進預熱好的烤箱，以攝氏 140 度（瓦斯烤爐刻度 1）烤 2.5 小時。

上菜前把肉、培根和豬皮排放在熱盤上；撈掉一些燉肉鍋裡的肥油，取出香料束，再把湯汁淋在肉的周圍。食用時可以撒上由蒜泥、巴西利細丁，或許再加上一尾漬鯷魚和幾顆酸豆調製成的巴西雅德醬（persillade）。也可以在起鍋前 30 分鐘加入些去核的黑橄欖。

義大利人從來不會把麵條和肉類菜色搭在一起吃，在普羅旺斯倒是相當普遍。把麵條或任何形狀的短麵煮好瀝乾，再與燉肉裡的肉汁混拌，這時就不用去除肥油，因為它會使麵條滑順有光澤，這道麵就叫瑪卡侯娜德（macaronade）。有時候會先上這道麵食，然後才吃肉。近年來，自從在卡馬格（Camargue）的填海區種植稻米成功之後，也就經常用番紅花調味的米飯來搭配這道燉肉。

可供四至六人食用。

薩賽克斯燉牛肉
SUSSEX STEWED STEAK

這是一道出色的老英國菜，採用蘑菇醬與愛爾啤酒（ale）或司陶特啤酒（stout）來燉肉，因此肉汁看起頗為濃郁，風味也相當獨特。滑順的薯泥、酥炸或香烤的蕈菇——如果買得到大朵扁平的蕈菇，都很適合搭配這道燉牛肉。整道菜用不到五分鐘就可備好料開火了。

一整塊便宜部位的牛肉約 1.25 公斤，比如肩胛肉、上臀肉或腰腹肉、鹽和胡椒、麵粉 1 或 2 大匙、洋蔥 1 顆、波特酒和司陶特啤酒各 5 至 6 大匙、蘑菇醬或葡萄酒醋 2 大匙。

在肉上撒鹽和胡椒，兩面沾上麵粉。平鋪在大小正好裝滿牛肉的淺烤盤上，疊上洋蔥片，倒入波特酒、司陶特啤酒和蘑菇醬或醋，鋪上雙層防油紙並用蓋子蓋住。放在預熱好的烤箱，以攝氏 140 度（瓦斯烤爐刻度 1）烤大約 3 小時，烘烤的時間稍短或久一點都沒關係。完成後，肉質堅韌的牛肉會變得柔軟，而肉汁濃郁，油光閃亮，美味極了。

可供四人食用。

布根地紅酒燉牛肉

BEEF with RED WINE, ONIONS and MUSHROOMS
Bœuf à la bourguignonne

在所有細火慢燉的菜色中，這道紅酒燉牛肉備受青睞，即使專業廚師不像法國家庭主婦和小餐館主人兼主廚般喜愛它。一般認為它應該發源於布根地，但長久以來它已經成為全法國都喜愛的菜，提到它或在菜單上看到它時，通常就只用「布根地」代表。類似這種菜餚當然不可能有制式的版本，每位廚子都會依據個人口味來煮，以下的食譜只是其中一種。順帶一提，多年前我曾在法國一個救濟機構的流動廚房幫忙，這是道節慶或假日時的特別菜色。

講究一點的話，肉燉好後放涼 2 小時，把油脂撈掉，再加入培根、蘑菇和洋蔥重新加熱。有些人認為這道燉肉回鍋加熱後味道更好，因為肉浸泡在醬汁中的時間夠久的話，就更入味。

如果要節省預算，可以用牛肩胛肉取代後腿肉，但要多煮 45 分鐘。手邊沒有珍珠洋蔥的話，就把一、兩顆普通洋蔥切塊，和燉肉一起煮，盛盤時要把洋蔥取出，因為燉煮後的大洋蔥實在不夠美觀。

在正式一點的餐宴，可用整塊去骨的牛肉來煮，再和類似的醬汁及配料一起食用，這就是布根地紅酒燉全腿（pièce de bœuf à la bourguignonne）。

去骨牛後腿肉 1 公斤、鹽和胡椒、洋蔥 1 大顆、百里香、巴西利、月桂葉、橄欖油 2 大匙、紅酒 150 毫升、烤肉油汁（dripping）或奶油、鹽醃豬肉或未煙燻五花培根 125 公克、珍珠洋蔥 12 顆左右、麵粉 1 大匙、肉類高湯 300 毫升（最好是小牛高湯）、大蒜 1 瓣、個頭小一點的蘑菇 250 公克。

把肉切成長寬約 6 公分，厚約 0.5 公分。放入陶瓷製的容器，以鹽和胡椒調味，1 大顆洋蔥切片，連同香草、橄欖油和紅酒加入鍋中。暫放一旁醃漬 5 至 6 小時。

容量約 2.5 公升的燉鍋中放 1 大匙烤肉油汁或奶油。把醃肉或培根切成 0.5 公分厚、火柴棒的長度，放入鍋中，把油脂煎出來。加入整粒去皮的珍珠洋蔥，炒到變成棕色，保持小火並且不斷攪拌。當醃肉或培根肥肉部分變得透明時，自鍋中取出，洋蔥表面完全上色時，也把它們撈出來，放在醃肉或培根旁邊。接下來把肉從醃汁中撈出並擦乾，放入燉鍋，用煎出來的油脂把兩面煎上色。在肉上撒麵粉，快速晃動燉鍋，使麵粉和油充分混合。倒入過濾好的醃汁，加熱讓它滾煮半分鐘；加入高湯、大蒜以及一把由百里香、巴西利和月桂葉紮成的香料束。蓋上可以密封的鍋蓋，放在爐上用最小火煨煮大約 2 小時。

這時加入培根、洋蔥和蘑菇（要先沖洗過，再用奶油或烤肉油汁炒 1 分鐘左右，以去除蘑菇中的水分）。整鍋再煮 30 分鐘，上菜前取出香草束和大蒜。

可供四至六人食用。

牧人式燉牛肉

BEEF and WINE STEW with BLACK OLIVES
Bœuf à la gardiane

牧人式燉牛肉來自普羅旺斯西部的卡馬格，只用紅酒燉煮肉質堅韌的牛肉，不需要添加高湯或任何可讓醬汁變得濃稠的東西。

一位尼姆的老廚師教我用教皇新堡（Châteauneuf du Pape）產區的酒來做這道特殊版本，當時我們正好在酒區，這麼做並沒有想像中的奢侈，更何況合宜且酒體飽滿的紅酒對燉肉風味有加乘的作用；她還用心型的香煎麵包丁取代米飯，搭配燉肉食用。

牛上臀肉 1 公斤、奶油和橄欖油、白蘭地 4 大匙、紅酒 180 毫升、鹽和胡椒、由百里香、巴西利、月桂葉和一些柳橙皮紮成的香草束 1 把、大蒜 1 瓣（拍扁）、黑橄欖約 175 公克。

肉要切成不超過 2.5 公分整齊的小方塊，放進鍋中用橄欖油和奶油煎到變棕色。把白蘭地倒入大湯杓，在另一口爐上加熱後淋到肉上。點火燃燒酒精，晃動鍋身直到火焰逐漸熄滅。白蘭地焰燒牛肉並不是非要不可，不過這個動作會把多餘的油脂燒掉，並且為成品的醬汁增添不同的風味，所花的時間很短，因為大部分的酒液會被牛肉吸收。焰燒後加入紅酒，用大火滾煮半分鐘。以少許鹽和胡椒調味，丟入以料理繩綁好的香草束，把火力轉到最小，用至少兩層防油紙或鋁箔紙包住封好，再蓋上鍋蓋。

把鍋子放在烤箱上層，用最低的溫度烤 3.5 小時。完成前 10 分鐘取出香草束，丟入去核的黑橄欖，嘗一下味道，斟酌調味後就可端上桌。可以另外準備白飯。

可供四、五人食用。

牛肉卷

PAUPIETTES of BEEF

填餡材料是洋蔥 2 顆（切碎）、培根和蘑菇各 60 公克、烤肉油汁或橄欖油、切碎的檸檬果皮 2 小匙、麵包屑 1 大匙、巴西利 1 把、鹽和胡椒、蛋 1 顆。

片薄並去除脂肪的牛後腿肉 8 片，每片約 30 公克、鹽和胡椒、百里香、麵粉、烤肉油汁或橄欖油、大蒜 1 瓣、法式芥末醬 1 大匙。

用少許烤肉油汁或橄欖油炒洋蔥、培根和蘑菇，稍微放涼後拌入檸檬果皮、麵包屑和切碎的巴西利，以鹽和胡椒調味，再打入蛋拌勻。

把每片肉拍扁，撒鹽、胡椒和白里香葉。每片肉上鋪一小堆餡料，捲起肉片，接口處用牙籤固定，用料理繩綁緊亦可。肉卷薄沾麵粉，放入小煎鍋，用烤肉油汁或橄欖油煎上色，再倒入剛好淹過的水，用小火煨煮 30 分鐘。接下來用刀背拍扁大蒜，連同法式芥末醬加到鍋中，再煮 30 分鐘，最後的醬汁是滑順並且香氣四溢。這道牛肉卷可以提前做好，吃的時候再加熱。

搭配米飯或馬鈴薯泥。

可供四人食用。

香料長條烘肉餅

SPICED BEEF LOAF

從可靠的肉舖購買的細牛絞肉 1.75 公斤、脂肪較多的培根 125 公克、乾燥羅勒和多香果* 粉（ground allspice）各 1 小匙、鹽 2 小尖匙、胡椒粒 12 顆、大蒜 1 小瓣、波特酒或雪莉酒或紅酒 4 大匙、紅酒醋 1 大匙。

牛肉放至大瓷碗中，加入略切的培根丁、所有的調味料、香料和拍扁的大蒜，稍加攪拌即可。盡可能在冰箱擺個數小時，好讓所有的香氣滲入絞肉中。

把肉餡倒至容量為 1.5 公升至 2 公升的長模或兩只小烤模中，烘烤時肉餡會收縮，因此要把肉餡裝到烤模頂。接著把烤模置於淺烤盤中，在烤盤中注入些許清水，不加遮蓋，放進預熱好的烤箱中層，以攝氏 160 度（瓦斯烤爐刻度 3）烤 1.5 小時。

烘烤期間如果烘肉餅表層上色過快，似乎快要焦掉，就鋪上抹過奶油的鋁箔紙或防油紙。

烤好後放涼，再存放在冰箱或食物儲藏室。脫模時只要用刀尖沿著烤模輕輕劃一圈，就可把烘肉餅倒至盤中。分切時盡量片薄，搭配沙拉以及醋醃水果或果味甜酸醬一起食用，與拌了芥末醬的醬料一起吃也很不錯。

可供八至十人食用。

* 多香果見第 37 頁譯註。

葡萄農燉牛尾

OXTAIL STEWED with WHITE GRAPES
La queue de bœuf des vignerons

「葡萄農兼釀酒師式」燉牛尾所用的食材便宜又可親，不過葡萄在英國並非四時皆有，想做這道菜的話，就得等到進口葡萄又多又便宜之時。烹煮所需時間頗長，因此至少要煮兩條牛尾才划算。請肉販把牛尾剁成 5 公分長的小段，吃的時候配帶皮的水煮馬鈴薯或馬鈴薯泥。

牛尾 2 條，切成 5 公分長小段、鹽醃豬肉或一整塊便宜的未煙燻培根 100 至 125 公克、洋蔥 2 大顆、胡蘿蔔 4 大根、由 2 片月桂葉、巴西利、百里香和 2 瓣拍扁的大蒜紮成的香草束、鹽和胡椒、現磨豆蔻皮*（mace）粉或多香果**粉（ground allspice）、1 公斤白葡萄。

牛尾在冷水裡至少泡 2 小時，讓血水流光。

豬肉或培根去皮，切成小丁。洋蔥切碎，胡蘿蔔切丁。在厚實的燉鍋中放入培根，把蔬菜堆到培根上。先以小火煎 10 分鐘，直到豬肉或培根的肥油流出。接著放入牛尾，把香料束放在中央，以鹽、胡椒和香料調味。蓋上鍋蓋，開中至小火煮 20 分鐘。摘下葡萄，放入碗裡輕輕壓扁，再加到鍋裡，鋪上兩層防油紙並且加蓋，放進預熱好的烤箱，以攝氏 140 度（瓦斯烤爐刻度 1）至少烤 3.5 小時。牛尾的品質差異頗大，有時候可能要花更長的時間煮，要把肉煮到軟嫩，一扯即骨肉分離的程度，才會好吃。一煮熟，立刻把牛尾和豬肉或培根盛到陶盤或餐盤，並加以保溫，這同時用細孔濾網過濾鍋中剩餘的材料，盡可能把湯汁擠出，再把它澆到牛尾上。

另一種做法是煮不到 30 分鐘後，取出牛尾，把過濾好的湯汁另外放涼，再把表層的肥油去除。處理完後，把醬汁加熱，淋在肉上，這時就在爐上燉煮而不用烤箱了；因為牛尾經全面受熱會流出較多的油脂，使醬汁變得油膩，以直火加熱的話，釋出的油脂相對減少。事實上，這道菜回鍋個兩、三次也不會走味。

兩條牛尾應該可以餵飽六至八人。

* 豆蔻皮見第 33 頁譯註。
** 多香果見第 37 頁譯註。

米蘭式燉小牛膝

BRAISED SHIN of VEAL
Ossi buchi Milanese

這道菜要做得道地就必須使用出生不滿三個月的犢牛。通常是用米蘭式燉飯（見第 158 頁）搭配這道燉小牛膝一起吃。順帶一提，我聽過有人聲稱「ossi buchi」是酒醉的骨頭，其實不然，它真正的意思是指有洞的骨頭或中空的骨頭。

鋸成 5 公分厚塊的小牛膝 1 公斤（發育完全的小牛則用 2 公斤）、奶油 60 公克、白酒和高湯各 150 毫升、番茄 375 公克、鹽和胡椒、巴西利 1 把、大蒜 1 瓣、檸檬 1 顆。

在淺寬鍋裡，用奶油把小牛膝煎到變棕色，一上色就把小牛膝正面朝上置於鍋中，以免燉煮時骨髓流出來。澆上白酒，煮 10 分鐘，加入去皮切碎的番茄，煮到醬汁濃稠。加入高湯，並稍加調味，煮 1.5 至 2 小時，第一個小時要蓋上鍋蓋。

把巴西利和大蒜切碎，刨下 ½ 顆檸檬果皮，把三者混合。米蘭人稱之為義式三味醬（gremolata），它是傳統米蘭式燉小牛膝的必備配料，食用前撒在小牛膝上面。

可供四人食用。

義式烘肉餅
BRAISED MEAT ROLL
Polpettone

生小牛絞肉 1 公斤（豬或牛絞肉亦可）、蛋 4 顆、大蒜、洋蔥 1 顆、巴西利 1 把、鹽和胡椒、麵粉、奶油。

填餡材料是全熟水煮蛋 2 顆、熟火腿 60 公克、波羅芙洛起司（provolone cheese）或格魯耶爾起司 60 公克、調味料。

把絞肉、蛋、蒜末、洋蔥丁和巴西利細丁充分混合，以鹽和胡椒調味。在撒麵粉的平板上把肉餡拍扁，中央鋪上略切的水煮蛋、火腿和起司等填餡料，並稍加調味。把肉餡捲成大香腸的形狀，用一張抹了奶油的防油紙包緊。在可耐高溫的烤盅裡融化少許奶油，放入烘肉餅，加蓋，再置於烤箱上層或爐上，用最小火煮 1.5 小時。這期間如果油脂被吸收，就加些清水或高湯。一出爐就趁熱食用，冷食也不賴。平日做這道烘肉餅時，我會把肉餡放入長方形烤模和陶模，就像做普通烘肉餅那樣。

可供八人食用。

薩瓦式肉片捲
ESCALOPES of VEAL
with VERMOUTH and CREAM SAUCE
Escalopes à la savoyarde

要幫這道滑順多脂的小牛肉挑選搭配的蔬菜，總是令人難以抉擇。一般來說，簡單配上少許奶油煎香的麵包丁，或水煮小馬鈴薯，都是最佳選擇，至於綠色蔬菜就把它移到另一道吧！

小牛後腿肉或腰腹肉 2 片、鹽和胡椒各約 120 公克、檸檬汁、奶油 30 公克、不甜白苦艾酒（white vermouth）4 或 5 大匙、高脂鮮奶油 150 毫升。

在肉片上撒鹽和胡椒，淋上檸檬汁。用燒至起泡的奶油把肉片兩面略煎上色，倒入苦艾酒煮到沸騰。轉中火，加入鮮奶油，晃動鍋身使鮮奶油與酒充分混合。把火力調小，煨煮 3 或 4 分鐘，直到鮮奶油濃縮。

可供兩人食用。

白蘭地與大蒜燉羊肉

MUTTON STEWED
with BRANDY and GARLIC
Tranches de mouton à la poitevine

準備兩塊帶骨成羊腿肉，每片約375公克。取一只附蓋的厚底淺鍋，用奶油把肉煎到變棕色。撒鹽和胡椒，注入各約125毫升的白蘭地和清水。加入12瓣去皮大蒜，蓋上防油紙和鍋蓋，把火力調到最小，煨煮2.5小時。煮好後鍋裡的湯汁應該非常濃稠，羊肉則是又軟又嫩，芳香四溢。可以隨個人口味減少大蒜的分量，不過多多少少要加個幾顆。根莖類蔬菜或菜乾都很適合配這道燉羊肉一起吃，無論是燜煮、水煮或絞成菜泥都不錯。

羊肩肉也可以用這個做法，烹煮的時間約1小時45分鐘到2小時。

可供四人食用。

麵包師傅烤羊肩

SHOULDER of LAMB BAKED with POTATOES
Épaule d'agneau boulangère

將羔羊或成羊的肩胛肉去骨再捲起來，其實並不是什麼大不了的技術，任何有經驗的肉販都辦得到，而且分切這個部位的肉塊也不難。這道去骨烤羊肩料理以其特殊的烹調方式得名，因為當時要在家裡預先處理妥當，然後拿到麵包店，等麵包出爐後，再把肉放進烤箱烘烤。對於大家庭來說倒不失為一道出色又實惠的菜色。

所用的去骨羊肩肉重約 2 公斤，把鹽、胡椒、切碎的新鮮百里香或馬郁蘭塞入捲成條的肉裡面。可隨個人口味添加蒜末，喜歡蒜香但不想吃到大蒜的話，烹煮時可在鍋中的肉塊下放一、兩瓣大蒜。這個做法也會讓肉汁和馬鈴薯增加風味，肉本身也比較嘗不出蒜味。就我個人而言，我認為少許大蒜配羊肉，就如同他人認為薄荷醬之於羊肉一樣不可或缺。

在大鍋中加熱 30 公克奶油和 1 大匙橄欖油，把調好味的肉塊煎上色，再將它移到烤盤，放入大蒜和 1 公斤整顆的新生小馬鈴薯。在剛才的鍋裡，用鍋裡的油把切好的洋蔥炒至金黃色，倒入380 毫升肉類高湯——可用取下的骨頭做高湯——煮 1 分鐘左右。把鍋裡的洋蔥和高湯淋在肉和馬鈴薯上，鋪上抹了奶油的防油紙並加蓋，放進預熱好的烤箱，以攝氏 160 度（瓦斯烤爐刻度 3）烤 2 小時，如果希望肉色略呈粉紅色，烤的時間就縮短一點。上菜前幫馬鈴薯加鹽並撒新鮮香草，再用大火滾煮高湯，收汁成醬。

可供六至八人食用。

圓茄燉羊

LAMB and AUBERGINE STEW

在圓茄供應充足、價格平實，而肉類昂貴得令人咋舌的地區，做這道燉肉時，茄子可多放些，減少肉類的分量，而米飯則是用來填飽肚子。烹調時要使用煎鍋或炒鍋，或者任何寬而淺、容量夠大的鍋具。

手邊如果有大約 300 毫升的成羊或羔羊高湯，可以拿來取代番茄，原本要加入番茄的步驟中換用高湯即可。這個方式將使得成品風味有別於茄汁的版本。

圓茄 2 小顆、鹽、油 4 大匙、洋蔥 1 大顆、羊肩肉或羊頸中段 750 公克（去骨切成 2.5 公分肉塊）、薄荷或羅勒（新鮮或乾燥皆可）、胡椒、番茄 250 公克、大蒜 1 瓣、小茴香籽 2 小尖匙，小茴香籽粉亦可。

圓茄不用去皮直接切成 4 等份，再切成 1 公分小丁，把它們放到濾鍋並撒 1 大匙鹽，上面放一個盤子和重物至少 1 小時，瀝去多餘的水分。烹煮之前，盡可能把茄丁擠乾。

在直徑 25 至 30 公分的厚煎鍋或炒鍋熱油，放入切薄的洋蔥拌炒。當它開始變色時，加入肉塊，撒入大量的香草、鹽和胡椒。肉塊不斷翻面，煎到表面呈棕色（如果疏忽這個步驟，這道菜會是灰白色，看起來難以入口）。用漏杓把肉和洋蔥撈到盤子，把茄丁放進剛才的油鍋內。蓋上鍋蓋，燜煮 10 分鐘，要經常翻炒。

接著把肉和洋蔥倒回鍋內，加入去皮略切的番茄、拍扁的大蒜和事先烘香並搗碎的小茴香籽，蓋上鍋蓋，以最小火燜煮 1 小時。或者，省事些就先煮 45 分鐘，隔天再用小火加熱 30 分鐘。上菜前撒薄荷或羅勒，配白飯或加味飯。

可供四人食用。

燒烤羊肋排佐法式白豆

BEST END of NECK of LAMB
with HARICOT BEANS
Carré d'agneau aux haricots à la bretonne

法國肉販用「carré」一字形容羊肋排，一副羊肋可以分切成八塊肋排。如果要用來燒烤，肉販會按照規格去椎骨並修除多餘的脂肪，再分切成塊，因此每塊肋排就是帶肉的單根肋骨。做這道菜時要先用料理繩繞著整副肋排肉綁緊，看起來像緊實的肉塊，烹煮和切割時就比較好上手，因為腿肉和整塊肋排分量頗大，把羊肋排列入小型派對菜單非常討喜。

首先利用椎骨和修除下來的肉渣煮高湯，加上洋蔥、大蒜和胡蘿蔔，並加以調味，倒入剛好淹過鍋中材料的清水。用小火煨煮 1 小時左右，過濾後放涼，把凝結的肥油撈除。高湯是烹煮期間用來淋到肉上，因此只要 1 杯即可。喜歡的話，可以用紅酒取代高湯淋在肉上。做法是在湯鍋內倒入 1 大杯紅酒，加入數顆紅蔥丁或 3 至 4 瓣大蒜，滾煮到酒液收乾至一半即可。

烤箱預熱至攝氏 190 度（瓦斯烤爐刻度 5）。先處理烤肉，在烤盤內抹奶油，把肋排放入，有脂肪那面朝上，再鋪上抹了一層厚厚奶油的防油紙或鋁箔紙。烤盤上加蓋，置於預熱好的烤箱中層。烘烤 20 分鐘後，掀開防油紙，把烤盤裡烤出的肉汁和少許熱高湯淋在肉上。總共大約要烤50 分鐘，烘烤期間要淋三至四次，最後拿掉防油紙，直接烘烤 10 分鐘，使表層的脂肪變成棕色。

當肋排烤熟，將它置於大而淺的上菜盤裡保溫。把剩餘的高湯或紅酒醬倒至烤盤，刮下盤底的結塊，大火煮 1 分鐘。淋一些肉汁醬到煮好的白豆，其他則分開上菜。

白豆的材料是長形而非圓形的乾白豆 375 公克，如果充作午餐，需要在清水裡浸泡隔夜，預計當晚餐的話，則浸泡 6 至 8 小時（所需時間對較新的白豆來說綽綽有餘，儲藏多年的豆子要再泡久一點）。

瀝乾白豆，連同 1 整根胡蘿蔔、1 整顆洋蔥、香草束和 1 支西洋芹放入鍋裡，注入高過材料 5 公分的清水燜煮。烹煮時間依據白豆的品質而定，需要 1.5 至 3 小時。如果不清楚白豆的狀況，為求保險，這個步驟最好提前進行，反正稍後還是要重新加熱。把白豆煮軟但不要破裂，瀝乾並保留煮豆水，用鹽幫白豆調味。丟棄胡蘿蔔、香草束和西洋芹。 把撈出的洋蔥切碎，用奶油略炒，加入 3 至 4 顆去皮並切碎的番茄炒軟，用保留的煮豆水稀釋。把白豆加入，以小火加熱，再倒入少許烤盤裡的醬汁。把豆子倒到裝肉的上菜盤，散布在羊肉四周，想要分開盛盤亦可。用小紙條分別包住每根骨頭的末端，再由上往下直接分切成塊。

喜歡的話不妨用第 292 頁的貝亞恩醬搭配烤羊，這種情況，就不需要配肉汁醬吃，只要用少許醬汁來拌白豆即可。

英式的羊肋排也可以用來煮這道烤肉，只不過需要多烤些時間。

可供四人食用。

波斯式翻轉茄肉煲

PERSIAN LAMB with AUBERGINES
Maqlub of aubergines

雖說這道菜做起來有點費工，卻是最美味的茄子菜色之一，吸飽肉汁的米飯更是令人吮指回味。食用時可以配一碗香醇的優格，以及番茄或綠蔬沙拉。

中型圓茄4至5顆、鹽、白米125公克、多香果*粉（ground allspice）½小匙、百里香或馬郁蘭、大蒜2瓣、羊絞肉375公克（生肉或煮過的都可）、洋蔥1顆、去皮的杏仁片60公克、肉類高湯450毫升。

茄子不用去皮，直接切成0.5公分薄片，撒鹽，放在一旁1小時。米放入清水中浸泡1小時。把多香果粉、少許百里香或馬郁蘭、切碎的大蒜和絞肉混合。把茄片的水分擠乾，用少許油煎香後起鍋，再把洋蔥片炒軟。在可耐高溫的圓烤盤內鋪一層茄片，接著是一層絞肉。撒少許杏仁片和炒洋蔥，依序重複直到絞肉用光，最上層則是瀝乾的米粒。把一半的高湯澆到米上，加蓋，用小火煮20分鐘左右。再倒入剩餘的高湯，繼續煮30至40分鐘，直到米粒幾乎煮熟。

取一個可耐高溫的餐盤，把圓烤盤內的材料倒扣在盤上，置於預熱好的烤箱，以攝氏180度（瓦斯烤爐刻度4）烤10至15分鐘。米粒就會熟透並吸收所有的肉汁。

可供六人食用。冷掉後，置於加蓋的鍋中，用低溫重新加熱，不減美味。

---

*多香果見第37頁譯註。

櫛瓜慕沙卡

COURGETTE MOUSSAKA

好吃又實惠的慕沙卡，較廣為人知的是用茄片、絞肉和番茄層層堆疊做成的，口味重一點的還會加上洋蔥和香料調味。把所有材料鋪在烤盤中，用烤箱烤成派餅的形狀，不僅經飽，色彩還特別勾人胃口。可以用櫛瓜或馬鈴薯代替圓茄片做成變化版，而且用櫛瓜做的效果特別好。

小個頭的櫛瓜 500 公克、鹽、橄欖油 4 大匙、洋蔥 1 大顆、絞肉 500 公克（羊或豬，生肉或煮熟的都可）、胡椒、多香果＊粉（ground allspice）和薄荷各 1 小匙、蛋 2 顆、番茄 750 公克、大蒜 1 瓣、高湯 2 至 3 大匙、麵包屑 2 至 3 大匙。

櫛瓜洗淨但不用去皮，每根縱切成 2.5 公分的厚長片。撒鹽，放在一旁脫水約 1 小時。用布把櫛瓜擦乾，然後用少許油煎軟，熟了後起鍋。原鍋添油，把切成細絲或細丁的洋蔥炒到變淡黃色，把肉加入，如果是已經煮熟的肉，只要和洋蔥攪拌均勻即可。如果是生肉，就用中至小火炒 10 分鐘，直到絞肉呈均勻的棕色。加入調味料和香料，離火，加入事先打勻的蛋液拌勻。

另取一只鍋，放入去皮切碎的番茄和蒜末，煨煮到大部分的水分蒸發。以鹽和胡椒調味。

接下來，在容量約 1.25 至 1.5 公升，方形或圓形都可，但不要太深的烤盤，抹一層薄薄的油。先鋪一層櫛瓜，接著是一層肉，再一層番茄，依序輪流直到材料用光，最上面是一層厚厚的番茄。接著撒麵包屑，把高湯澆上去潤濕麵包屑。烤盤用鋁箔紙包好，下面墊一片烘焙用金屬板，放進預熱好的烤箱，以攝氏 160 度（瓦斯烤爐刻度 3）烤 1 小時，但烤到中途時要拿掉鋁箔紙，再繼續烤完。如果慕沙卡看起來太乾，加一些高湯再烤，趁熱上菜。

這道菜的切面是數層淡綠色的櫛瓜夾在紅色的番茄和棕色的肉之間，真是賞心悅目。只要一開始沒有煮過頭，即使重新加熱依然好吃。

如果用茄子而不是櫛瓜，慕沙卡的料理步驟完全相同。大約需要 2 至 4 顆圓茄不等，茄子不用去皮，縱切成細薄片，入鍋煎之前要先加鹽。

可供四至五人食用。

＊多香果見第 37 頁譯註。

馬德拉香橙豬

PORK BAKED with WINE and ORANGES

大蒜 1 至 2 瓣、香草（巴西利、馬郁蘭、迷迭香）、鹽和胡椒、烘烤用豬肉 1 塊（約 2 公斤，去骨去皮綁成香腸的形狀）、橄欖油、清雞高湯 125 毫升、柳橙 3 顆、馬德拉酒、白酒或不甜白苦艾酒 4 大匙、麵包屑。

把大蒜與少許巴西利、馬郁蘭和迷迭香一起切碎，加鹽和胡椒。抹在整個肉面上，瘦肉部分要多塗一些。在烤皿內倒入 1 大匙橄欖油，放入肉塊、取下的骨頭和豬皮。放進預熱好的烤箱，以攝氏 200 度（瓦斯烤爐刻度 6）烤 10 至 15 分鐘，加入熱高湯，把溫度調至攝氏 150 度（瓦斯烤爐刻度 2），不用加蓋，烘烤 2.5 至 3 小時。

烘烤期間，要不時把烤出來的肉汁淋在肉上。結束前 15 分鐘把骨頭和豬皮取出，擠 ½ 個柳橙果汁在肉上，並加入酒。在肉塊肥肉那一側撒上麵包屑，重入烤箱。

把剩餘的柳橙切成薄圓片，丟入滾水裡汆燙 3 分鐘，瀝乾。結束前 5 分鐘，把柳橙片放在醬汁中靠近肉塊的地方一起烤完。

用餐時，把柳橙片圍在肉的周圍，醬汁則分開上菜。這道菜冷食會比熱食好吃，如果打算冷食，肉取出後，醬汁再煮 30 分鐘左右，過濾到碗裡，再置於冰箱冷藏，食用前要撇去油脂。

可供六至八人食用。

牛奶燉豬肉

PORK COOKED in MILK
Maiale al latte

奶油 45 公克、洋蔥 1 顆、火腿 45 公克、大蒜 1 瓣、豬里肌或去骨去皮豬腿肉 750 公克（捲成香腸的形狀）、香菜籽、馬郁蘭或羅勒或茴香、鹽和胡椒、牛奶 950 毫升。

把洋蔥丁放在融化的奶油炒到變成棕色，再加入切得極碎的火腿丁。

把大蒜、3 至 4 顆香菜籽和幾枝香草塞入豬肉捲，在表面抹鹽和胡椒，放進鍋裡與洋蔥和火腿一起煎到變成棕色。趁空檔，用另一只鍋把牛奶煮滾。待肉捲煎好，把牛奶澆在肉上，不需要再加鹽或胡椒。不用加蓋，維持中至小火煨煮。當牛奶逐漸減少，豬肉表面會緩緩形成一層金黃色的皮網，不要攪拌弄破，再煮上 1 小時。這時才把皮網弄破，刮下鍋邊的結塊，與開始變得濃稠的牛奶攪拌均勻，再煮 30 分鐘。牛奶應該濃縮到只剩 1 小杯的量，飽含洋蔥和火腿的美味細渣，而豬肉則由牛奶形成細緻的外殼封裝，內層的肉質將濕潤柔軟。任何用牛奶燉煮的肉類或禽類，在這個階段都要看好爐火，因為剩餘的醬汁一眨眼就會蒸發殆盡，鍋裡的肉會因此黏住而焦黑。

上菜時，把醬汁和鍋裡的細渣澆在肉上，可以冷食或熱食，但我覺得冷的比較好吃。

這個煮法，肉的分量可以更動，每 500 公克的肉大約用上 600 毫升的牛奶。有一、兩位讀者跟我反應這道菜很難掌控。保險起見，在皮網形成後，把肉移到烤箱內，不用加蓋，用中等火力烘烤。當肉煮好，再放回爐上收汁成醬。

可供六人食用。

香草烤豬排
PORK CHOPS BAKED
with AROMATIC HERBS

香草的香氣會使完成的菜餚更為可口，這道烤豬排可說是個好範例，其他香草也適用這個做法。講究一點的話，開火前 1 小時先把豬排與其他配料裝入烤盤，或者早上備好，在晚餐時用上，如此可使香草和調味料的香氣提早滲入肉中。

購買 2 片不帶皮的厚豬排。在豬肉兩面輕輕劃上幾刀。把 1 瓣去皮的大蒜對切，用切口刷過整個肉面，抹鹽和少許現磨黑胡椒，並塗上一層橄欖油。在烤皿內放入 6 枝野百里香、幾片月桂葉和 12 枝茴香梗，豬排置於其上。把烤皿放在燒烤機下層，將豬排兩面略烤上色，再用抹了奶油的防油紙或鋁箔紙包起來，移到預熱好的烤箱，以攝氏 160 度（瓦斯烤爐刻度 3）烤 40 至 50 分鐘。把烤出來的油汁倒入碗裡。上菜時，連同烤皿將豬排、香草直接端上桌。

這道烤豬排簡單又美味，食用時配蔬菜沙拉，或幾片拌了橄欖油、洋蔥和巴西利的番茄片，其他什麼都不要。

可供兩人食用。

燒烤豬排佐西打醬
GRILLED PORK CHOPS with CIDER SAUCE
Côtes de porc vallée d'auge

把 3 至 4 顆紅蔥和巴西利一起切碎，用鹽和胡椒調味；在 4 片豬排的兩面各劃上幾刀，抹上剛切好的紅蔥。在肉面上淋些融化的奶油或橄欖油使表面濕潤，再放到橫紋鍋內燒烤。在小鍋內把 1 杯西打加熱，當豬排烤好，移到火爐上，把西打倒入鍋內用大火煮到與肉汁融合成醬汁，大約 2 至 3 分鐘。如果手上有蘋果白蘭地（Calvados），就跟著加些進去。它會使豬肉嘗起來不會過於油膩。稻稈馬鈴薯絲（straw potatoes）或薯泥，甚至是簡單的綠色沙拉都是很好的配菜選擇。

可供四人食用。

煨豬肉佐蜜李醬

PORK NOISETTES with a PRUNE and CREAM SAUCE
Noisettes de porc aux pruneaux

這道用料豪華的菜是圖爾的地方菜，賣相漂亮，味道也很豐富。不過並不適合用首次練習的試驗品招待客人，除非確定煮醬汁時，廚房裡能有十分鐘左右沒有閒雜人等打擾。這不是一道清淡的菜，而大家都知道，豬肉菜色在中午吃比晚上來得恰當。

烹煮用具和裝盤的食器都十分重要。前者必須是可放在爐上燒的厚底淺鍋，炒鍋或煮魚用的平鍋都不行；沒有厚底淺鍋的話，先在煎鍋內把肉煎到變成棕色，再移到烤盤。餐盤要用橢圓大盤，最好能耐熱，把肉放進烤箱內保溫時不致出錯。

品質極優的蜜李乾 300 公克（大約 24 顆，加州黑李是完美的選擇）、½ 瓶葡萄酒（最好是產於武弗雷的白酒）、豬後腿心 6 至 8 塊（每塊重約 90 公克）、調味料、麵粉少許、奶油 60 公克、紅醋栗果膠 1 大匙、高脂鮮奶油 300 毫升（可能用不上這麼多，不過有備無患，稍後說明）。

碗裡裝 300 毫升的白酒，浸泡蜜李乾；應該要泡一整夜才是，不過好品質的蜜李乾只要半天就夠了。泡好後，加蓋，放進烤箱，以最小火力加熱 1 小時左右。這時蜜李乾會非常柔軟但不致軟爛，酒液不能煮乾。

豬肉用現磨胡椒和鹽調味，每塊肉都撒上麵粉。在鍋內加熱融化奶油，放進肉塊，把一面煎上色後再翻面，要用小火，奶油才不會燒成棕色。10 分鐘後，倒入約 2 大匙的白酒，加蓋，煨煮 10 至 15 分鐘，也可以放進烤箱烘烤。所需時間依肉質而定，用鐵插測試肉是不是烤熟了。

接近完成時（其實豬肉煮久一點並不會破壞味道，肉質甚至會更為軟嫩），把煮蜜李乾的酒液淋在肉上，這時鍋子必須放在爐上，而蜜李乾則重回烤箱保溫。當湯汁收乾時，把肉盛至餐盤並加以保溫。

把紅醋栗果膠加入鍋內攪拌至融化。接下來倒進少許鮮奶油，鍋子夠寬的話，鮮奶油很快就沸騰，並且變稠。持續攪拌醬汁，並晃動鍋身，再加些鮮奶油，當醬汁呈現光澤並且變得濃稠，把它澆到肉上，把蜜李乾排在肉的周圍，立刻端上桌。鮮奶油的用量可視蜜李乾汁液的多寡和醬汁收乾的速度而定，濃縮得太快時，就要再加些進去。無論如何，要有足夠的醬汁把肉蓋住，但不用蓋滿蜜李。蜜李不去核，照原貌烹煮，如同法國廚師的術語：不「去骨」。

一般來說，我覺得這道菜配紅酒比白酒來得好，此外，也不用與其他蔬菜一起食用。無論是充作前菜或主菜，八塊肉讓四人來吃綽綽有餘。

CAFE DU GLOBE ⟩

巴貝多蜜汁火腿

BARBADOS BAKED and GLAZED GAMMON

這道蜜汁火腿，趁熱吃可配上奶油菠菜和烤帶皮馬鈴薯，或紅扁豆豆泥，冷食可以和淋了檸檬汁並撒上 1 撮薑粉的蜜瓜丁一起吃。

把一塊 2 至 2.5 公斤中段豬腿肉泡在冷水裡 12 至 24 小時，最好是 36 小時，水要蓋過豬肉（並且用布或盤子蓋住）。這期間要換 2 至 3 次水。一切就緒，用兩張鋁箔紙把肉包住，兩端分別扭緊，好讓肉完全被包裹。烤盤置於烤架上，把包好的肉放在烤盤上，注入半滿的水——加熱時產生的水氣會使豬肉保持濕潤。

烤盤置於預熱好的烤箱中下層，以攝氏 160 度（瓦斯烤爐刻度 3）烘烤，每 500 公克得烤 45 分鐘。唯一要注意的，就是烤到一半時要把肉翻面。

時間一到，把肉從烤箱取出，放涼 40 分鐘才拆開鋁箔紙，把豬皮撕除，趁肉還熱著的時候很容易就剝下。在肥肉上劃出菱格，把肉包好，放回洗淨的烤盤。

備好下列塗醬：把 2 大匙黑糖、1 小匙第戎芥末醬和 4 大匙牛奶攪拌均勻。把醬汁淋在肉上，稍加按壓，把醬汁壓入肥肉內。喜歡的話還可以把整顆丁香戳進肥肉。

把烤盤放在烤箱上層，用同樣的溫度烤 20 至 35 分鐘左右，要不時把流到烤盤的醬汁和肉汁澆回肉上，最後肉就會變成深金色，油光閃亮。

糖、芥末醬和牛奶的混合醬，是目前我試過效果最好，也是最便宜、最簡單的塗醬。實在不必想東想西添加蘭姆酒、柳橙汁或鳳梨塊。

做好的蜜汁火腿，無論是放在冰箱或食物儲藏室，都必須用乾淨的防油紙包好，並經常更新。用這樣的方式，肉的甜度和濕潤度將可以維持到你吃進的最後一口。

可供八至十人食用。

廚房裡的酒
WINE in the KITCHEN

　　一直沒有人搞懂為什麼英國人認為在湯或燉鍋中倒入一杯酒是揮霍的媚外行為，但卻又能花費好幾英鎊購買瓶裝醬汁、肉汁粉、高湯塊、各式醬料和人工調味料。如果每個廚房都各有一瓶烹飪用紅酒、白酒和價格不太嚇人的波特酒，那麼成千上百的商店櫥櫃中的市售醬汁和合成調味料，就可能會被遺棄而不復存在。除了基本的紅酒、白酒和波特酒，可能的話，我建議還可以準備白蘭地、半打用來幫甜品和水果沙拉調味的各式小瓶裝利口酒，比如櫻桃白蘭地（Kirsch）、杏桃白蘭地、柑曼怡橙酒（Grand Marnier）、庫拉索柑橘酒（Curaçao）、君度橙酒（Cointreau）和覆盆子白蘭地（Framboise）。雪莉酒也是不錯的料酒，不過用量得小心些。

酒的烹煮

在烹飪中使用酒時要記住一個重點，就是必須把酒煮過。酒精會在烹煮的過程中揮發掉，留下來的是特別的香氛，它使得成品更為勾人胃口，同時讓即將端出好料的廚房滿室生香。任何不需要費時烹調的菜色，都要在鍋中把所加入的酒液滾煮收乾到原來一半的分量。比方說烹煮某些湯品時，先把蔬菜炒上色並添加香草，就可倒入一杯酒開大火煮滾，讓酒汁沸騰二或三分鐘，煮到鍋底酒液變得有點黏稠，再加些清水或高湯；這個加酒的步驟不但讓風味截然不同，而且頓時使得湯的口感和色澤更加誘人。

如果要做配烤肉吃的肉汁醬，先把烤出來的肉汁上的浮油撇掉，再沿著烤盤倒入二分之一杯任何種類的酒，同時刮鬆底部的結塊，與肉汁和酒攪勻，放到爐上滾煮一或二分鐘，再加入一些水煨煮兩分鐘，稍微收乾後肉汁醬也就完成了。

如果要搭配鴨肉，可以在做好的肉汁醬中加入一棵柳橙的果汁和一大匙紅醋栗果膠；配烤魚的話，在鍋中放入奶油、檸檬汁和切碎的巴西利或酸豆，再倒入白酒一起煮；在煎過扇貝或小牛肉的奶油鍋中，可以加入少許紅酒或馬德拉酒煮到沸騰，再淋上二分之一杯鮮奶油做成的淋醬。

用酒醃泡

用酒醃泡肉類、魚類或野味所需的時間大約兩小時到數天不等，醃汁中除了酒，通常還會添加香草、大蒜、洋蔥和辛香料，有時候還可以加一些醋、橄欖油或清水。肉質堅韌適合燉煮的牛肉，用紅酒醃泡數小時後，口感會變好；泡好後把醃汁中變軟的蔬菜、香草和辛香料濾掉，添入新鮮的，就可以用來燜烤或燉煮牛肉。

羊腿醃泡數天之後，味道嘗起來會像鹿肉；醃好後要小心晾乾才烤，把醃汁過濾再收乾，就是美味的醬汁。做某些糜凍時，我會先用白酒把肉或野味醃二至三小時，不過用紅酒也可以。

酒的選擇

做任何一道特定的料理時，要選用紅酒或白酒、波特酒或白蘭地，並沒有制式的規則。一般來說，肉類和野味當然比較適合用紅酒，魚類則用白酒，但是兩者互換也未嘗不可。例外的是，「白酒煮貽貝」（moules marinière）非要用白酒不可，因為紅酒會使成品顏色變成刺眼的藍色，此外，基本上只要是像鰨魚這類細緻的白肉魚菜色，還是得用白酒來煮。

摘自《法國鄉村美食》，一九五一年

家禽與野禽

POULTRY and GAME BIRDS

法國主婦用豬肉丁或香腸肉、蛋和香草做成肉餡塞進肥雞的身體裡，再放進鍋中與蔬菜和香草束燉煮，這就是舉世聞名的「清燉全雞鑲肉」（poule au pot）；亨利四世時代，他希望在他的領導下，他的子民每週日都能享受這道菜。主婦們或許不在雞腔內填肉餡，就只是清燉全雞，再與一盤米飯和鮮奶油醬汁端上桌；也有可能挑隻小肥雞，在雞身塗抹奶油烤熟，放入大小差不多的長橢圓形餐盤，兩頭各塞入一把水田芥（watercress），連同盛放於船型醬汁盅的奶油雞汁一起上菜。農夫的老婆面對不再下蛋的老母雞時，如果她手上正巧有祖母傳下來的食譜，還對食物頗有概念，她就會拆下全雞的骨頭，填入用豬肉和小牛肉（如果是特別的場合，還可加些松露）做成的肥美肉餡，與酒和小牛腳一起煨煮成澄澈鹹香的膠凍，使得肉質老又沒味道的老母雞一躍成為滋味濃郁的「加蘭汀肉凍捲」（galantine），這道菜非常適合當節慶佳餚。

時間不夠充裕時，主婦會把嫩雞從關節處分切成塊，用奶油或橄欖油略煎，倒入酒或高湯，再摻些蔬菜和鹹豬肉丁，這道嫩煎雞塊在餐廳菜單上可能被貼上經典或地區標籤，或者以部長、名作家或女演員命名，身價因此水漲船高。比如，加上些薯泥，就是「帕門蒂爾雞肉薯派」（Chicken Parmentier）；有了番茄，就可冠上普羅旺斯；如果多了蘑菇，那就是「獵人式燉雞」（chicken chasseur）或「森林風燉雞」（poulet à la forestière）。

幼嫩的野禽，雉雞、鷓鴣和松雞最適合用烤叉叉著在烤箱燒烤，或置於厚實的燉鍋中，放在爐火上烘烤。當然囉，善於製作各種精細昂貴菜色的專業廚師通常還會加些松露和鵝肝。肉糜抹醬或糜凍這類菜色很可能是消耗成堆野味的最佳辦法，因為冷凍食物時，野味的保存期限會比蔬菜、肉類和魚類來得長些。

龍蒿奶油烤雞

CHICKEN with TARRAGON
Poulet à l'estragon

龍蒿是一種很適合與雞肉搭配的香草，而用新鮮龍蒿做成的這道烤雞，可說是夏日中美好的佳餚。龍蒿風味的雞肉菜色不勝枚舉，下面介紹的是其中最受歡迎的一道。

烘烤一隻重約 1 公斤肥嫩的雞，首先要把 30 公克的奶油與 1 大匙龍蒿葉、½ 顆大蒜切出的細末、鹽和胡椒拌勻。在雞的表皮抹上橄欖油，再把奶油塞入雞腔。把雞側立於烤皿上的烤架，放入預熱好的烤箱，以攝氏 200 度（瓦斯烤爐刻度 6）烤 45 分鐘，或攝氏 180 度（瓦斯烤爐刻度 4）烤 1 個小時應該足夠，中途要翻面；燒烤機空間夠大的話，一定要試試這個方式，只需要 20 分鐘左右，把雞用烤叉叉著燒烤，總是令人垂涎三尺，記得要不時查看並翻轉，使雞腿和雞胸都可均勻受熱。

雞肉烤好後，從烤箱取出。把 1 杯白蘭地倒入大湯杓，點燃後淋在雞身。轉動烤皿使火焰散布開來，盡可能讓它繼續燃燒。把雞放回烤箱，以攝氏 150 度（瓦斯烤爐刻度 2）再烤 5 分鐘，白蘭地醬汁會因此熟成，減少原本生嗆的味道。喜歡的話可以在這時候加入幾大匙的高脂鮮奶油，使醬汁更為濃稠。這個食譜來自巴黎「米歇爾媽媽」（la Mère Michel's）餐廳，他們還在醬汁裡加了馬德拉酒，似乎是個好點子，但我覺得沒必要弄得這麼複雜。

可供四人食用。

香煎雞肉佐橄欖茄汁醬

SAUTÉD CHICKEN with OLIVES and TOMATOES
Poulet sauté aux olives de Provence

這道菜成功的祕訣在於要事先把雞切成上菜時的大小。再沒有比吃炒雞肉或燉雞塊更小家子氣了，因為在盤子中的是那些無法辨識、帶著骨頭的乾肉塊，切割時還得使盡全力才行。拆卸全雞的確需要一些技巧，一般來說，選購小一點的雞，只要剝成兩半就可以燒烤了，或者買的時候就請店家代勞。

全雞 1 隻，約 875 公克至 1 公斤、鹽和胡椒、檸檬 1 顆、大蒜 1 瓣、百里香或羅勒 1 枝、麵粉、橄欖油。

把雞一切為二，準備燒烤。用鹽和胡椒調味，塗上檸檬汁，在雞皮下面各塞入 1 小片蒜片和 1 小枝百里香或羅勒，並在雞身上撒麵粉。在普通的厚煎鍋燒熱 5 大匙橄欖油，等油夠熱時，把雞放入鍋內，皮朝下煎到變成金黃色，翻過來再煎另一面，等兩片雞肉都煎好了，再翻一次面。把火轉小，加蓋，偶爾掀開鍋蓋翻一翻雞肉。20 分鐘後，把雞肉和鍋內的油盛到烤盤上，放進烤箱，稍加遮蓋，以最低的火溫烘烤，同時準備醬汁。

醬汁材料是葡萄酒 160 毫升，白酒較適合，手邊只有紅酒的話就用紅酒、漬鯷魚魚片 2 片（與 2 瓣大蒜一起磨碎）、熟透的番茄 4 大顆（去皮略切）、百里香、馬郁蘭和羅勒各 1 枝、去核黑橄欖 125 公克。

把酒倒到剛才煎雞肉的鍋子，刮鬆沾在鍋底的結塊，把酒液煮滾並稍微收乾。加入鯷魚蒜泥攪勻，再加入番茄和香草，煨煮到醬汁變稠。加入橄欖，嘗一下味道，酌量調味，繼續加熱。

用鐵叉戳進雞肉最厚的部位，看看肉是不是熟了，流出來的是澄澈的肉汁即表示熟了，如果還帶紅色的血水，就留在烤箱多烤一會兒。上菜時，準備一只長盤，舀入熱燙的醬汁，再把雞肉置於其上。

可供兩人食用。

茴香火腿烤雞

CHICKEN POT-ROASTED
with FENNEL and HAM

基本上，這是一道托斯卡尼老派的鄉村菜，而最後用白蘭地焰燒則是現代的新花樣。

乾燥茴香梗和月桂葉各 6 片、全雞 1 隻（約 1.25 公斤）、大蒜 2 至 3 瓣、檸檬果皮 1 長條、淡味熟火腿 1 整片（約 125 至 175 公克）、黑胡椒粒 6 顆、奶油 60 公克、白蘭地 4 大匙（隨喜好添加）。

把茴香梗和月桂葉紮成一束，放進陶鍋或鑄鐵鍋中。把去皮的大蒜、檸檬果皮和切成手指頭粗細的火腿塞入雞腔內，然後把雞側立於香草上，再隨意撒上壓碎的胡椒粒（不用加鹽）。丟入切成小丁的奶油，蓋上鍋蓋，放進預熱好的烤箱，以攝氏 190 度（瓦斯烤爐刻度 5）烤 45 至 50 分鐘。之後把雞換邊側立，澆淋融化的奶油，重回烤箱再烤 45 至 50 分鐘。

接著掀開鍋蓋，把雞胸朝上擺正，繼續烤 10 至 15 分鐘，直到變成棕色。

為了讓這道烤雞顏色更加誘人，並激發香草濃郁的香氣，最後要把雞移到爐上，開中火加熱。把白蘭地倒入大湯杓，點燃後淋到肉上，轉動鍋子使火焰散布開來。等火熄滅後，把烤雞移到耐熱的餐盤上，湯汁則留在鍋內多煮個 3 至 4 分鐘，再倒入船型的醬汁盅。

上菜時，把茴香梗和月桂葉與烤雞一起排置盤中。分切雞肉時，要確定每個人都分到雞腔裡的火腿條。

可供四人食用。

VOLAILLES

GIBIERS

義式香料雞

CHICKEN BAKED with
ITALIAN SPICE and OLIVE OIL

肥嫩的全雞 1 隻（約 1.8 公斤）、鹽、優質橄欖油 3 至 4 大匙、義式綜合香料 ½ 小匙，做法如下。

綜合香料材料：白胡椒粒 3 小匙、肉豆蔻 ½ 小顆、杜松子 1 小匙、整顆丁香 ½ 小匙。

把綜合香料所需材料放入磨豆器磨成粉。磨碎肉豆蔻所需時間較長，此外，剛開始研磨時，機器會發出震耳欲聾的噪音。這些分量大約磨出一小罐玻璃瓶約 45 公克的香料粉，可保存六個月左右。

在雞身抹鹽，並刷上一半分量的的橄欖油，抹上綜合香料。

處理好的雞用防油紙或鋁箔紙包好，側立於可耐高溫的淺烤盤內。置放於預熱好的烤箱中層，以攝氏 180 度（瓦斯烤爐刻度 4）來烤，烤滿 30 分鐘後把防油紙拆掉，在雞身刷上橄欖油，換邊側立並重新包好，這次烤 20 分鐘。接著把雞胸朝上擺正，再刷一次橄欖油，包好後烤最後的 20 分鐘。

小心扯下防油紙或鋁箔紙，好讓烤出來的肉汁流到烤盤內。用大火收汁，倒入小醬汁碗或船型醬汁盅，上菜時就用它配雞肉食用。這道烤雞冷食非常美味，讓它在室溫中自然冷掉，搭上一盤清爽的沙拉，就非常完美了。

這道烤雞中，香料和橄欖油的味道變成細緻的調味料，可將飼養妥當的雞烘托得秀色可餐，不僅濕潤柔軟，腿肉中心還泛著漂亮的粉紅色。

食譜中所使用的少量橄欖油不可省略，它可使雞肉保持濕潤。選用較次級的雞時，一定要把烤出來的肉汁澆淋到雞身，如果雞的品質夠好時，這個步驟倒是可以省略。至於那個叫做球形潤肉器（bulb baster）的東西，我可從來沒搞懂誰會需要這種讓人惱火的玩意兒。

可供四至六人食用。

綠胡椒肉桂奶油烤雞

CHICKEN BAKED with GREEN PEPPER and CINNAMON BUTTER

這個食譜也可以換成烤雉雞。烘烤一隻重約 850 公克的小型禽鳥時，所需時間和溫度與烤一隻全雞一樣，只不過烤雉雞的話，要用抹了奶油的防油紙或鋁箔紙包好才烤。

烤一隻 1.25 至 1.5 公斤重的雞，需要準備 45 公克的香料奶油。

把 2 小匙綠胡椒粒、幾小片大蒜和 ½ 小匙的肉桂粉搗勻，再與 45 至 60 公克的奶油拌勻。等奶油和香料充分混合後，撒 1 小撮鹽——用含鹽奶油的話分量再少一些。把做好的香料奶油放進附蓋的小玻璃罐，再置於冷藏庫保存，做的分量較大的話，可以放進冷凍庫，但在冷藏室保留一小罐，供近日所用。

可以在肉桂粉中添加香菜籽粉、小茴香籽粉（ground cumin）和薑粉，或者把肉桂粉換掉。香料的分量依個人口味調整。

把雞皮掀開，依序在雞肉上抹鹽和香料奶油，用小刀在棒棒腿和肉較多的腿部劃幾刀，好讓香料滲入肉中。雞腔內也塗些奶油。不趕時間的話，放個 1 或 2 小時才開始烘烤。

把雞和幾片月桂葉放進恰好可以容納全雞的淺烤盤中，不加遮蓋，放進預熱好的烤箱中層，以攝氏 180 度（瓦斯烤爐刻度 4）來烤，兩個側面先各烤 20 分鐘，再把雞胸朝上烤 20 分鐘。每次換面時，把烤出來的肉汁澆到肉上。完成時，雞皮會香脆並呈現漂亮的金黃色。

上菜時，與檸檬角和水田芥一起裝盤，把奶香四溢的醬汁倒進小盅。簡單的綠蔬沙拉和淡味的醬汁就是最好的配菜。

可供四人食用。

無花果烤鴨

DUCK with FIGS

把 16 顆無花果放入 ½ 瓶索甸貴腐酒（Sauternes）中浸泡 24 小時。

先用小牛骨、鴨胗、2 顆洋蔥切成的薄片、2 根胡蘿蔔、2 瓣拍扁的大蒜和 1 枝百里香或馬郁蘭煮高湯。鴨肉用鹽和胡椒調味，在鴨腔內放進 1 小球奶油和 1 片柳橙皮。在附蓋的陶鍋內放入 60 公克奶油和鴨，鴨胸朝下，鴨身上放 30 公克奶油。陶鍋不加鍋蓋，放進預熱好的烤箱，以攝氏 200 度（瓦斯烤爐刻度 6）烤 15 分鐘，把肉烤成棕色；接著倒掉奶油，把鴨翻面，倒入泡了無花果的酒，於烤箱裡烤 5 分鐘，再加入 300 毫升的高湯。蓋上鍋蓋，烤箱溫度調至攝氏 160 度（瓦斯烤爐刻度 3）烤 1 小時，直到鴨肉軟爛。

接著把鴨取出，不加鍋蓋，烤箱溫度調至最高，滾煮 15 分鐘，把湯汁收乾一些。放進無花果，如果是紫色熟透的烤 5 分鐘，還是生綠色的就烤 10 分鐘。完成後把它們取出，排放在全鴨周圍。把湯汁放涼，撇去浮油，再把湯汁澆到鴨身和無花果上，肉汁應該會凝結為柔軟的肉凍。

配綠蔬沙拉一起吃。

可供三至四人食用。

威爾斯鹹鴨

WELSH SALT DUCK

這道先醃再煮的全鴨做法改編自一個威爾斯食譜,大約是上個世紀的菜色。就我所知,它最早是出現在《好廚藝》(Good Cookery),由萊諾維夫人(Lady Llanover)於一八六七年出版的烹飪書籍。最早的設計,鴨肉是趁熱配上洋蔥醬一起吃,味道略嫌厚重,但是先醃再煮的方式卻頗受注目,因為可以做出一道美味細緻的鴨肉料理。在這裡,蜜瓜與冷鴨肉是完美的組合,當然可以隨個人喜好,用經常搭配鴨肉的柳橙切片沙拉取代蜜瓜。切記要在烹調前三天購入全鴨並用鹽醃漬。

體型大的鴨 1 隻(約 3 公斤)、海鹽或粗鹽 125 公克、蜜瓜 1 顆、檸檬汁。

把鴨放在深盤中,用鹽塗抹全身。同樣的步驟一天進行兩次,並連續三天。把鴨蓋住,放在陰涼的地方,最好是放在食物儲藏室而不是冰箱。(鴨內臟可以立刻拿來煮高湯,鴨肝可以做歐姆蛋配料。)

當天早上依下列方式煮鴨:首先把多餘的鹽沖掉,把鴨放進可耐高溫的深鍋,再放在烤盤上(我用的是橢圓形大搪瓷砂鍋)。用冷水淹蓋全鴨,烤盤也要加些水,再移至預熱好的烤箱中層,不加鍋蓋,以攝氏 150 度(瓦斯烤爐刻度 2)烤 2 小時。

把鴨從烤出來的肉汁中取出放涼,等待晚餐上菜;肉汁可能過鹹,不宜做高湯。

鴨肉要冷食,不需要任何調醬,最佳配菜是淋上檸檬汁的蜜瓜丁。也可以加上帶皮烤的馬鈴薯一起吃,但其實不用多費功夫,它對這道風味細緻的菜色毫無加乘作用。

可供四人食用。

義式糖醋鴨

DUCK in SOUR-SWEET SAUCE
Anitra in agrodolce

洋蔥 2 大顆、奶油 60 公克、鴨 1 隻（重 2 至 2.5 公克）、鹽和胡椒、麵粉、丁香粉 1 撮、雞高湯或清水 450 毫升、新鮮薄荷少許、糖 2 大匙、葡萄酒醋 2 大匙。

把洋蔥切成細薄片，用奶油炒軟。在鴨表面塗抹鹽和胡椒加以調味，再撒麵粉，放進炒洋蔥的鍋裡，撒上丁香粉。當鴨表面變成棕色，把事先加熱的高湯或水倒到鴨上面，加蓋，煨煮 2 至 3 小時。過程中要不斷換面，讓每邊都均勻受熱。鴨肉一煮軟，把它從鍋內移到烤箱保溫。盡可能把湯汁中的肥油撇掉，加入切碎的薄荷（約 2 大匙）拌勻。在這之前要把焦糖煮好，也就是在平底鍋裡把糖與少許水加熱到變成太妃糖的顏色。把準備好的焦糖連同葡萄酒醋加到鍋內一起煮，嘗一下味道，沒問題的話，等到醬汁變得黏稠，就可和鴨肉一起端上桌。這道鴨肉冷食也相當出色。做醬汁時，如果直接在湯汁中加入薄荷、焦糖和葡萄酒醋，待醬汁煮好並放涼後，才把肥油撈出，肥油將是最美味的烤肉油汁。

可供四人食用。

馬莎拉煮火雞胸

TURKEY BREASTS with MARSALA
Filetti di tacchino al marsala

挑選一隻重約 4 公斤的火雞，把兩邊胸肉切下並片成肉片，可以分出 8 至 10 片肉片。把火雞肉放在砧板上敲扁，用鹽和胡椒調味，在肉上撒少許麵粉。在煎鍋內融化大量奶油（如果想要同時煎完所有的火雞肉，最好同時開兩鍋），把火雞肉兩面煎上色，火力不要過大，否則奶油會變黑或燒焦。接近完成時，先倒入 1 小杯馬莎拉酒，煮到沸騰並與奶油混合後，再加入 1 小杯高湯。不加蓋，再煮 2 或 3 分鐘即可。

可供四至六人食用。

克區燉雉雞

PHEASANT with CREAM ,
CALVADOS and APPLE
Faisan à la cauchoise

我認為這是雉雞搭配蘋果和蘋果白蘭地做出來的菜色中最棒的版本，通常也稱為諾曼第雉雞（faisan normand）。奶油蘋果是最佳配菜，把甜蘋果事先用奶油煎成金黃色，並在烤箱中保溫。兩顆蘋果配上一隻雉雞綽綽有餘。

鐵鍋或陶鍋內放入奶油和雉雞，在爐上加熱，煎的時候要翻一到兩次面，好讓每邊都均勻上色。大約需要 40 至 45 分鐘。完成後把它切成薄片，盛至餐盤並加以保溫。把鍋內的湯汁倒到淺鍋煮到沸騰，倒入 1 小杯溫過的蘋果白蘭地（白蘭地或威士忌亦可），點燃，晃動鍋身，待火焰熄滅，加入 250 至 300 毫升高脂鮮奶油。邊晃動鍋身邊攪拌鮮奶油，直到醬汁濃稠。用少許鹽和胡椒調味，再把醬汁淋於雉雞上。

可供兩人食用。

烤雉雞佐栗子醬

ROAST PHEASANT with CHESTNUT SAUCE

烤一隻重約 750 公克的雉雞需要 45 分鐘。

栗子醬可以一、兩天前做好，要用時再用小火重新加熱，需要的材料是栗子 250 公克、奶油 45 公克、西洋芹 2 支、培根 1 片、波特酒 6 大匙、高湯或鮮奶油少許。

在雞腔中放入 1 球奶油，用抹了奶油的防油紙包好，把雉雞側立於烤盤上的烤架，置於預熱好的烤箱中層，以攝氏 190 度（瓦斯烤爐刻度 5）來烤。

烤滿 20 分鐘後翻面，再烤 15 分鐘後把防油紙拆掉，把雞胸朝上烤最後 10 分鐘。

在栗子的一側劃刀，放進預熱好的烤箱，以攝氏 180 度（瓦斯烤爐刻度 4）烤 15 分鐘。烤好後把栗子去殼去膜，略切。把奶油燒熱，放入切碎的芹菜丁和培根，加入栗子、波特酒和 6 大匙清水，以少許鹽調味。加蓋，開小火煮 30 分鐘左右，直到栗子煮軟。做好的栗子醬要重新加熱時，可以用幾湯匙肉類高湯或鮮奶油來濃縮醬汁。

栗子醬很濃稠，與其說是醬汁，倒不如當成蔬果配菜，不過隨你高興，喜歡叫它什麼就什麼，總之它與雉雞是完美的組合。滑順細膩的麵包醬或就只是把麵包屑和少許奶油放在烤盤，置於烤箱內烤 15 至 20 分鐘，都可以取代栗子醬。我還喜歡用油煎或香烤豬肉腸配這道雉雞一起吃。

可供兩人食用。

白酒燉鷓鴣

PARTRIDGES BRAISED in WHITE WINE
Perdrix à l'auvergnate

鹽醃豬肉或未煙燻五花培根 125 公克、奶油 60 公克、鷓鴣 4 隻、白蘭地 5 大匙、白酒 8 大匙、小牛骨或其他肉類高湯 4 大匙、香草束 1 小束（月桂葉、巴西利、百里香和 1 瓣拍扁的大蒜）。

鹽醃豬肉烹煮前要先在水裡泡 1 小時，切成小丁，再與 30 公克奶油放在足以容納 4 隻鷓鴣的陶鍋或燉鍋。當豬肉或培根的脂肪開始融化時，把鷓鴣胸部朝下放進鍋內（如果鷓鴣已事先用木製支架固定以供烘烤，要把支架拆下來才放入鍋中，否則可能無法全數擠進鍋中，上菜時也才不會那麼可笑）。2 至 3 分鐘後，倒入溫過的白蘭地，點燃，晃動鍋身，好讓火焰散布開來。待火焰熄滅時加入白酒，如果用陶鍋來煮，要先把白酒溫過才加進去。滾煮 1 分鐘後，加入高湯和香草束。用防油紙或鋁箔紙封住，再蓋上鍋蓋，放進預熱好的烤箱，以攝氏 160 度（瓦斯烤爐刻度 3）烤 1 小時 30 分鐘至 1 小時 45 分鐘。結束後把鷓鴣移到餐盤上並加以保溫，湯汁則倒入寬鍋，開大火煮滾，把它收乾到只剩下原來一半的分量。熄火，加入剩餘的奶油，晃動鍋身好讓奶油融化，使醬汁閃閃發亮。把醬汁澆到鷓鴣上，搭配紅扁豆泥、根芹菜泥或薯泥一起食用。

可供四人食用。

豌豆燉鴿

PIGEONS with PEAS
Piccioni coi piselli

在熄火前 5 分鐘加進幾副雞肝，將使這道精彩的燉鴿料理更加美味。

洋蔥 1 顆、奶油 30 公克、煮熟的牛舌 60 公克、火腿或培根 60 公克、鴿子 2 隻、鹽和胡椒、羅勒、白酒 125 毫升、高湯 125 毫升、去莢豌豆 500 公克。

用奶油把洋蔥炒到變成棕色，加入切成方塊的牛舌和火腿，接著加入鴿子。把所有食材煎上色，用鹽、胡椒和羅勒調味。把酒淋到鴿子身上，煮到沸騰後加入高湯。蓋上鍋蓋燜煮 1.5 小時。加入豌豆煮到軟熟（大約煮 20 分鐘）。嘗一下味道，酌量調味。

可供兩人食用。

等待聖誕
PARA NAVIDAD

　　猶記十月最後一天，在西班牙東南角，陽光和煦、百無聊賴的午後，算起來距今還不到一週。那天中午我們在外用餐，我們的棉衫泛著日曬的熱度，放眼望去，被棗紅、銀灰、淡紫及土黃等顏色渲染而成的大地還殘留夏末餘溫。柔和的光線中，岩石的形狀和古老的梯田清晰可見，夏季的陽光在石灰岩上閃爍，令人眩目，而六月冒出的枝葉使溝壑及山尖若隱若現。如今，某些杏仁樹上的葉片顯現秋天的跡象。這些葉片搖晃不定，並逐漸轉成赭紅，今天早晨醒來，我甚至狼吞虎嚥地吃掉兩顆早秋的橘子。初熟之際，它們的氣味刺鼻，嘗起來更是酸嗆。昨夜下起大雨，雨量卻還不足以潤澤乾旱的土地，庭院的玫瑰磚和灰色石子也是同樣的狀況，僅印出些許水漬光澤，矗立於中央巨大的陶土老油罐則被刷洗得晶亮。當我們啜飲早餐咖啡時，山頂上正懸掛半道美麗的彩虹。

白天我們採摘小無花果，有灰紫色和淡青色兩種。果皮的顏色飽和鮮明，夏季中期產的無花果無法與之比擬。兩者滋味也大不相同。此時的果肉是澄澈的石榴紅，顏色不像盛產期的無花果果肉那樣深沉及突出，是屬於春天的品種，果皮呈現鮮豔的綠色。有些無花果在陽光照射下爆開，並曬成半乾。居住於北方的我們，飲食中的水果不是新鮮的就是做成果乾，根本無法嘗到這種狀態的水果。半乾的無花果與掛在枝上黑色的瓦倫西亞葡萄一樣，有著強烈的風味。新鮮葡萄在果樹上轉變成葡萄乾的過程眾人皆知，而這些無花果乾也是同樣的情形。這裡的葡萄是用棉袋分串包好，兩位看顧杏仁樹（這裡是瓦倫西亞產杏仁的地區，經歷了糟糕的一季，如果雨水持續不足，明年的收成將是另一個災難）的老人家一生至此都在阿法瑞拉（Alfarella）莊園度過，他們希望這些葡萄能在樹上待到聖誕節，剪下後再移往保存室。去年他們的計畫遭受黃蜂破壞，今年蜂害仍然橫行，牠們刺穿棉袋，把果汁吸乾，獨留果皮。此時四處正好有成串逃過劫難的葡萄，我們剪下一串帶回屋內，放進籃內，與綠檸檬和一些香氣濃郁的野百里香放置一起。野百里香很可能是西班牙特有的品種，聞起來彷彿摻雜了大茴香、洋甘菊、牛溪草和薰衣草等氣味。

我的英國房東把頹圮並空置二十年的阿法瑞拉莊園重新整頓，使其重生，此時他正在廚房做飯。他在攪拌的肉餡中刨入兩顆綠檸檬果皮，丟進少許日曬乾百里香，為我們做美味的煎肉丸。

他極為熟練地用橄欖油把肉丸煎出焦糖帶金色的外皮，與陶鍋中的釉料相互輝映，肉丸煎好再連同陶鍋一起上菜。這裡所有的烹飪用具都是使用當地產的各式陶鍋，甚至也用來燒水。這些陶鍋相當厚實堅固，外層沒有上釉，可直接放在煤氣爐上，有時也會在室外升起的柴火上烹煮。莊園目前還沒有烤箱，這是明年的計畫之一。

令我深感訝異的是，世人認為這裡是歐洲食物最糟糕又一陳不變的國家，然而在某個與世隔絕的鄉村農舍中，我們的飲食居然多采多姿，有些甚至可說是上等美食。我從沒嘗過口感如此細緻且紋理細密的豬肉，這道醃里脊是值得付出任何代價的奢侈品。雞肉和兔肉放入拋光的鐵鍋煮傳統鍋飯，用旺火把肉煮到柔軟，並滲出原始的風味（只有煮大分量的鍋飯和西班牙馬鈴薯烘蛋餅，才會用金屬鍋）。我們還有炙烤小紅鯔和沙丁魚，魚是放在用柴火燒到熾熱的簡陋圓鐵盤上烤。圓鐵盤是通用於法國、義大利、西班牙和希臘的烹飪鍋具，用它可以烤出全世界最可口的烤麵包片，還附帶漂亮的烤紋及脆皮。

我們的午餐總是先有一道番茄洋蔥沙拉、幾片新鮮白起司和一小盅橄欖。番茄是地中海品種，個頭極大，顏色火紅，滋味鮮甜，我怎樣也吃不膩。吃法是先把中央的籽囊挖除，像是幫蘋果去芯，之後再切成圓形薄片，除了鹽之外，任何調味料都不需要。接著把洋蔥略切，這裡的洋蔥與其他種植於石灰岩和黏質土中的蔬菜同樣甜美，做出的沙拉清新爽口。這道沙拉沒有什麼了不起的名字，就是「沙拉」，然而如果缺少西班牙的甜洋蔥和地中海的番茄，任何沙拉都不是這道「沙拉」了。

夏天時，十七歲的璜妮塔收集空酒瓶，要將它們拿給村裡已婚的姐姐，她解釋姐姐會在瓶中塞入切片番茄，再灌入橄欖油封口，把番茄油漬到冬季。璜妮塔說其實可以保存一年以上，我隨口問她姐姐是否有剩，我想嘗嘗，她斷然拒絕，她們只剩兩瓶去年油漬的番茄，但是要等到聖誕節才開封。

昨天市場上有來自埃爾切（Elche）本季新產的新鮮椰棗。它們的個頭相當小巧，口感黏稠，外皮是玳瑁色──由墨黑、橡木子的棕色和去皮栗肉的米白交錯而成，觸感則像我在村裡商店購買的巴賽隆納燈心絨。想當然耳，我們被告知聖誕節那段期間的椰棗才會好吃。這也適用於柳橙和蜜思嘉葡萄，以及目前在市場特價的玫瑰銅色小歐楂（medlars）。這些小歐楂還沒熟透，我猜測是要用來醃漬保存，就像璜妮塔姐姐的漬番茄，而埃爾切黃色和綠色的蜜瓜裝在屋內的埃斯佩多草簍（esparto basket）中，將被保存到聖誕節。我們正啃著從市場買來裹滿糖霜的糖化蜜瓜皮和檸檬色的糖化瓜肉，而我們早已把聖誕包裝的杏仁膏拆開（商標名稱「麋鹿」也因此露出，紙上印有一隻步履疲憊的悲傷麋鹿，鹿角沾染飄雪），這款杏仁膏我從沒吃過，一點也不像杏仁膏。

它像白色的小磚塊，質地會讓人想起冷凍的雪酪，是由杏仁粉和蛋白做成，再嵌入蜜餞。我們手上有新產的榲桲膏（carne membrillo）以及蜜桃膏，是該保存到返回英國，充當聖誕禮物。然而，為什麼我到現在才知道世界上有這種既漂亮又美味的琥珀色透明果肉糖果呢？

還有更多地中海美食和秋天當季便宜的食物，比如剛醃製的綠橄欖，種植橄欖的國家的人皆視之為珍饈。我還記得在羅馬時，某個十月下旬，我向一位站在街角的女販購買新鮮綠橄欖，她直接從木桶中取出賣給我。那是十二年前的事了，羅馬綠橄欖的清新滋味至今仍留在我味蕾上。在這裡可以買到的油橄欖來自安達魯西亞，因為在不同的成熟期採收，顏色也各自不同，其中沒有綠色和黑色，不過有紫色、玫瑰色、薰衣草色和棕色，這要買來就現吃，不能留到帶回英國。相似的食物中，在出產地品嘗時特別令人難以忘懷；認識它分級、分類、揀選，再裝入玻璃瓶、罐頭、玻璃罐和包裝之前的原貌，將永遠改變你對它的理解。

番紅花極其偶然成為另一項採購品，也打開我們的新視野。在前往哥多華（Córdoba）途中，我們首次見到秋天盛開的番紅花的紫色花瓣，回程我們打電話給在阿法瑞拉莊園工作的另一位女孩兒梅賽德斯（Mercedes），告訴她我們回來了。她的父親當時正在處理番紅花——從身旁鞋盒中，將成堆的紫色漸層花朵逐一拾起並挑出橘色花蕊，然後將它們仔細鋪在一張棕色的紙上乾燥。棄置不用的花瓣堆成濃烈單一的色彩，在村舍客廳的陰影中，如水銀般閃閃發亮。他的妻子告訴我們，番紅花季的六星期中，他每天晚上都會處理一個鞋盒的番紅花。她從一個破爛的鐵罐中取出一撮包裝在正方型紙張的番紅花送給我們，相當於兩星期的工作。那是去年的產品，因為今年這一批的產量還不足以成為一份體面的禮物。聞起來相當純粹，充滿強烈的辛香和刺鼻的氣味。梅賽德斯的母親送給我們的這份禮物極其珍貴罕見，因為是直接從產地取得，也很適合我們帶回英國過聖誕。

然而雨水更是珍貴。如今，終於下起大雨來。當天兩位老人家停工，村裡大多數的人聚集在咖啡館中。下雨的那天正是村民主動給自己放假的日子。

摘自《旁觀者》（The Spectator），一九六四年十一月二十七日

醬汁
SAUCES

法國一般家庭的烹飪大多採取少分量以及現做的方式，因此烹製和使用醬汁的概念迥異於專業廚師。首先，充分運用菜餚本身的材料，以修除下來的殘渣碎塊做醬汁。也就是說，把大肉塊修整下來的肉渣、禽鳥的內臟、魚架和魚頭煨煮成清湯或高湯，這可用來做醬汁的基底。如果沒有這類剩餘的材料，假設是烤肉或魚，或者蛋、蔬菜、米飯、義大利麵之類的菜色，蛋和奶油做成的貝夏美醬（béarnaise）和荷蘭醬（hollandaise）顯然是最合適的醬汁，用洋蔥、番茄和蘑菇等蔬菜泥做成的醬汁也很適合。此外，還可利用魚和肉於烹煮期間流下的肉汁，把它們當基底，加入鮮奶油、酒或高湯煮成醬汁，再用蛋黃、麵粉或奶油來稠化完成醬汁。

奶油、鮮奶油、蛋、酒、橄欖油和新鮮香草都是可用來製作醬汁的材料，無論滋味層次分明或清新淡雅，它們都很適合夏季菜餚。少許新鮮香草加上一小球奶油、橄欖油或蛋，以及檸檬汁，甚至是一杯高湯和少量的鮮奶油，適當調味並充分混合，做出來的醬汁將使得一陳不變的沙拉、蔬菜、肉和魚更有新鮮感且別具滋味。在燒烤牛排的肉汁裡丟入奶油使其融化，並混合細香蔥、巴西利或龍蒿，嘗起來與用松露或馬德拉酒之類的高級醬汁一樣美味，甚至更適合夏日時光。配烤羊排時就用薄荷代替巴西利。油醋醬（橄欖油、檸檬、香草調製成）和美乃滋可以給富想像力的廚子帶來無限的創意。比如，在配雞肉沙拉的美乃滋中刨些辣根（horseradish），或者按照義大利人的吃法，拌入碾碎的罐頭鮪魚或油漬鯷魚；把香草汆燙後搗成泥，再拌入美乃滋做成的綠茸醬，搭配虹鱒一起吃真是無上享受；如果要配鮭魚，可以先把一枚蛋白與美乃滋打到充分混合，綠茸醬口感會比較輕盈。

許多義大利醬汁的基底是橄欖油和酒，再添加麵包屑、起司、番茄糊、新鮮香草泥和香料來增加口感，做法與法式醬汁相較下更為簡單，對粗心的人來說更能得心應手。義大利的醬汁雖然沒有特別突出之處，但是種類與獨創性倒也不少，某些醬汁則是充滿清新的風味。一般人誤認茄汁醬是這個國家的主要醬汁，它的確在義大利料理中占有極重要的地位，但是好廚師使用時用量並不大，此外它的做法說得上與義大利的廚師一樣多。製作茄汁醬的原則都一樣，不同的調味和烹煮時間所煮成的醬汁風味也大不相同。或許最受歡迎的兩款茄汁醬都來自拿坡里——水手式茄汁醬（alla marinara）和披薩醬（alla pizzaiola），前者的番茄幾乎沒有煮透，後者則瀰漫著蒜味與香草。

義大利所稱的醬汁（sugo）通常是指肉製醬汁，但也不全然如此。最廣為人知的是在當地被稱為波隆那肉醬的義式肉醬，但還有許多其他醬汁可供選擇。利古里亞（Liguria）有多種綠色醬汁；由羅勒和起司搗成的香蒜青醬（pesto），或核桃和巴西利的綠色醬汁，都可以充作麵醬；茴香、酸豆、巴西利、橄欖和橄欖油組合成齋戒期閹雞醬（cappon magro），是蒜味頗重，充滿地中海料理氛圍的濃郁醬汁。

貝亞恩醬

BÉARNAISE SAUCE

白酒 ½ 杯（約 4 至 5 大匙）、龍蒿醋（tarragon vinegar）2 大匙、紅蔥 2 顆、黑胡椒、奶油 125 至 150 公克、蛋黃 3 或 4 枚、鹽、檸檬汁、新鮮龍蒿葉數片。

小鍋內放進白酒、醋、切碎的紅蔥和少許黑胡椒粉，開大火收乾到只剩下 2 大匙。過濾後加進幾滴冷水，再把過濾好的醬汁放進雙層隔水鍋（double saucepan）或可以架在普通小湯鍋上的碗中。下層的小湯鍋要裝入半滿的溫水，開小火加熱。把一半分量的奶油丁加進置於上層的醬汁，快速攪勻，並加入剩餘的奶油，不斷攪拌。接著一點一點把事先打勻的蛋黃液加入，小心攪拌直到醬汁變稠。以鹽調味，使用含鹽奶油的話，下手要輕，此外還要加進幾滴檸檬汁和冷水。把醬汁離火，拌入切碎的龍蒿葉即完成。隔水加熱時，下層小湯鍋的水不可以沸騰，上菜時醬汁要溫熱但不能過燙。

如果用薄荷取代龍蒿，貝亞恩醬也就變成波城醬（paloise sauce），它是近代變化的醬汁，可搭配羔羊或成羊。

如果迫於需要得事先做好貝亞恩醬，重新加熱時，要把裝醬汁的碗置於另一只盛有熱水的碗中，攪拌數秒鐘，但不要用爐火來煮。不用擔心醬汁不夠燙，再怎麼說，涼掉的醬汁總比帶蛋花的好。

可供四人食用。

荷蘭醬

HOLLANDAISE SAUCE

我們遇到一個棘手的問題。純粹主義者宣稱，不含其他多餘的食材，只用奶油、蛋黃和檸檬汁調製成的醬汁，才是真正的荷蘭醬；而事實上這樣做出來的醬汁風味略顯平庸，於是許多廚師做了變通，仿照貝夏美醬加入事先收乾的白酒或醋汁，完成品嘗起來美味多了。荷蘭醬通常配蘆筍、朝鮮薊、青花菜、水煮鮭魚、鰨魚，或其他白肉魚、雞肉、水波蛋或水煮蛋一起吃。

在小鍋中倒入 3 大匙葡萄酒醋（如果恰巧開了瓶白酒，我就會用葡萄酒）和 2 大匙冷水，大火收乾到剩下不到 1 大匙。加入 ½ 大匙冷水攪勻。在碗裡把 3 枚蛋黃打勻，並在溫過的平盤上把 175 至 200 公克未含鹽的優質奶油分成 6 至 7 份。

在雙層隔水鍋上層或可以架在普通小鍋上的瓷碗或玻璃碗中，倒入涼掉的濃縮醋汁或葡萄酒，加入蛋黃攪勻。下層的鍋子注入熱水，再把整組鍋具放到爐火上。接著開始加入奶油，充分拌勻後才可以加進下一份，直到把奶油用完。注意不要讓下層熱水沸騰，如果上層的醬汁收得太稠，可以滴幾滴冷水稀釋。完成的醬汁能包覆湯匙背面，這時再用鹽調味，並擠入幾滴檸檬汁。

如果所有的預防措施都失敗，醬汁產生油水分離的現象，這時候在另一只碗裡放入 1 枚蛋黃，比照原先的碗一樣，架在熱水上，再把失敗的醬汁一點一點加入碗裡，這次加入時要更加緩慢謹慎，邊加邊攪拌，直到醬汁濃稠。我應該加個附帶條件，這個補救方法只對油水分離的醬汁有用，如果蛋液過熱，變成顆粒狀的炒蛋，那可就沒救囉！

可做出四至六人份的醬汁。

OLIVES
SALÉES
DU PAYS
À VENDRE

HUILE d'OLIVES
de LUCERAM Extra Vierge
OLIVES non traitées
OLEICULTEUR Producteur.

貝夏美醬

BÉCHAMEL SAUCE

這款醬有兩種廣為人知的版本，雖說略顯無趣，卻相當好用。一種是用一定比例的肉類或雞肉高湯來做，另一種就只用牛奶一種液體。後者的用途極為廣泛，事實上它是調製其他醬汁不可或缺的母醬，可變化出豐富多變的滋味。

做一小份基礎貝夏美醬：在小湯鍋內加熱 300 毫升牛奶，同時另取一只湯鍋融化 45 公克的奶油。待奶油開始產生泡沫，把鍋子離火，加入 2 大平匙過篩的中筋麵粉，快速攪勻。接著倒入少許微溫的牛奶，攪拌到變成濃糊。把鍋子放回爐上，開小火，把剩餘的牛奶一點一點加入。一開始的幾個步驟可決定貝夏美醬的命運，只要把奶油、麵粉和牛奶攪拌得均勻滑順，做出的醬汁就不會結塊。接下來用 ½ 小匙鹽、少許現磨肉豆蔻粉和白胡椒粉調味，把爐火調小，煨煮至少 10 分鐘，要不斷攪拌。一半以上失敗的貝夏美醬都是因為沒有煮透，因此還會嘗到生麵粉的味道。此外，也常有煮得過於濃稠的情形。成功的貝夏美醬擁有乳脂般滑順的質地。

10 分鐘之後，可以把煮貝夏美醬的鍋子置於另一個略大並裝有熱水的鍋中。這個簡易的水浴法比用雙層隔水鍋來煮更有效，因為醬汁在雙層鍋的上層，只有底部受熱，而在水浴中則被熱氣包圍，因此受熱全面且均勻。

重點提示：

1. 如果必須事先做好貝夏美醬，趁醬汁還溫熱時，丟進 1 小球奶油，奶油融化後會形成薄膜，避免表面產生硬皮。
2. 重新加熱時一定要採水浴法。
3. 上菜時如果只是要基礎貝夏美醬而不加其他調味，可以考慮增加牛奶的分量，並丟入香草束一起煨煮。香草束是由 1 小塊洋蔥、1 片月桂葉、1 束巴西利和 1 小片胡蘿蔔紮成，牛奶全部加入鍋中就可隨手挑出。
4. 假設所有的預防措施都不管用，醬汁產生結塊，就用細孔濾網把醬汁過濾到乾淨的小湯鍋中。用攪拌器打勻倒也不失為應急的辦法。

美乃滋

MAYONNAISE

橄欖油的品質決定美乃滋的身價。真正的橄欖油味道醇濃、果香不重，用來做美乃滋正可以凸顯油質。使用的蛋黃愈多就愈不會出錯，花費的時間也會少一些。用檸檬汁調味會比醋更有滋味，不過無論用哪一種，都不能加太多，因為美乃滋是以橄欖油香和蛋的脂香為主體，而不是檸檬或醋的酸味。

法國人做美乃滋時，經常會先在蛋黃裡摻入少許芥末醬再拌入橄欖油；而義大利人就只用蛋和橄欖油，頂多有時候擠點檸檬汁上去。

由於各種橄欖油的重量不一，加上美乃滋是那種端上桌總是不嫌多的醬汁，因此製作美乃滋時很難給出確切的份量。

蛋 2 顆、鹽、橄欖油約 200 毫升、檸檬汁 ¼ 顆的量或龍蒿醋 1 小匙或白酒醋 1 小匙。

把蛋黃打進研磨缽或厚瓷碗內。講究的話，在動手調製美乃滋前一小時就完成這個步驟，蛋黃與其他材料混合時會比較容易。撒少許鹽，隨個人口味加入 1 小匙芥末粉攪拌 2 分鐘，很快就變得濃稠。接著把油一滴一滴加入，可以考慮把油裝在帶壺嘴的小壺裡，邊加邊攪拌，1 或 2 分鐘後蛋黃糊會變得像油膏。這時候就可以增加倒入的油量，最後則慢慢地以一直線倒油。當油用掉一半時，擠入少許檸檬汁或加入幾滴醋，然後繼續把剩餘的油用完，最後再加些檸檬汁或醋。如果美乃滋油水分離，可以在另一個乾淨的碗裡打入 1 顆蛋黃，再分次加入 1 大匙剛剛失敗的美乃滋攪勻。做得成功的美乃滋即使在酷熱的室溫中也可以保存數天之久，如果一次做兩、三天的份量，而隔天油水分離，就拿出 1 顆蛋黃，照上述的補救辦法重新來過。

可供四人食用。

鮪魚美乃滋

TUNA MAYONNAISE
Maionese tonnata

鮪魚美乃滋配上多種涼菜都相當出色，尤其是雞肉和水煮蛋，也可充作三明治抹醬，或是填入新鮮番茄當前菜。

先用 2 顆蛋、少許鹽、125 毫升的橄欖油和幾滴檸檬汁打出原味美乃滋。

把 60 公克的罐頭油漬鮪魚絞成泥，再緩緩加到美乃滋中充分混合。

綠茸醬

GREEN SAUCE
Sauce verte

我認為這是比較簡易的法國美食中，不可多得的發明，我所謂的簡易是概念上的，而不是執行上的難易度。因為無論所做的份量多寡，都是要花功夫的，就我所知沒有偷懶的捷徑。

首先用 2 或 3 枚蛋黃、200 至 300 毫升優質橄欖油和幾滴酒醋或龍蒿醋，打成非常濃稠的美乃滋。其他所需的材料是 10 片嫩菠菜葉、10 枝水田芥、4 枝龍蒿、4 枝巴西利。摘下水田芥、龍蒿和巴西利葉，連同菠菜葉放入滾水中汆燙 2 至 3 分鐘。瀝乾並把水分擠光，絞碎後用細孔濾網過篩。完成品看起來像是水分不多的菜泥。把菜泥緩緩加到美乃滋拌勻。最後這個步驟盡可能留到上菜前才進行。

夏季捕獲的鮭魚比年初時少了凝脂般的肉質，綠茸醬可以彌補不足之處，不過它的用途也不局限於搭配魚肉。淋上綠茸醬的水煮蛋所做出的前菜，比起搭配原味美乃滋的水煮蛋更加勾人胃口。這款醬料永遠不會令人失望。

艾優里醬

AÏOLI

艾優里醬可說是普羅旺斯最著名也最受歡迎的醬汁。這款華麗閃亮的金黃醬汁通常暱稱為「普羅旺斯奶油」。無論是水煮鹹鱈魚、馬鈴薯、甜菜根、生的或煮熟的甜椒、胡蘿蔔、海鯛或鯷魚等肉質細緻的魚類、水煮蛋、墨魚或章魚、法國四季豆、朝鮮薊，甚至是小蝸牛或鷹嘴豆沙拉，都很適合與艾優里醬一起吃。

艾優里套餐（aïoli garni）通常是週五齋戒日的晚餐主角，也是聖誕夜傳統菜色之一。在可以開懷大吃的非齋戒日裡，在配料中增加清燉牛肉蔬菜鍋（pot-au-feu）的牛肉或水煮雞肉，就變成艾優里大冷盤（le grand aïoli）。艾優里套餐是用多種不同配料蘸艾優里醬吃，基本上是家族聚會或親密好友派對中的美食。然而我個人可以省掉其他配料，只要一大碗連皮水煮的馬鈴薯，以及些許生甜椒和西洋芹，再搭配艾優里醬，我就心滿意足了。在普羅旺斯一家鄉間小餐廳，我曾經請廚師準備艾優里套餐當我的晚餐，當時天色已晚，無法為顧客外出購買特殊的食材，他還是變出由火腿配馬鈴薯與時蔬的精采組合，而正中央安放一碗艾優里醬。這正是用隨手可得的材料，即興做出艾優里套餐的精彩示範。

做艾優里醬時，每人份所需大蒜以 2 瓣估算，八人份的醬汁要用到 3 枚蛋黃和幾乎 600 毫升的優質橄欖油，如果沒有普羅旺斯的橄欖油，義大利或西班牙的上等油也可以。在研磨鉢中把去皮的大蒜敲碎並磨成泥，加入蛋黃和 1 撮鹽，用木匙攪勻。當蛋黃和蒜泥充分混合時，把橄欖油一滴一滴緩緩加進去攪拌，直到變得濃稠。由於蒜泥會稀釋蛋黃，花費的時間會比做原味美乃滋更久。當油用掉一半時，醬汁應該相當濃稠，這時就可以把橄欖油慢慢地以一直線加入。醬汁變得愈來愈濃稠是正常現象，成功的艾優里醬的質地非常紮實。最後再加入少許檸檬汁，就可直接用研磨鉢或倒入小沙拉碗上菜。如果加入橄欖油時過快，導致油水分離，可以在另一個碗裡打入 1 顆蛋黃，再把失敗的醬一點一點加進來攪勻，醬汁就復活了。

大蒜的用量當然可以減少，不過這麼做可能會使得醬汁的蛋味和油味過於突出。道地的艾優里醬與美乃滋一樣滑順，並且帶有濃烈的蒜味，吞嚥時還會刺激喉嚨。

維洛那蘑菇醬

VERONESE MUSHROOM SAUCE
Salsa di funghi alla veronese

用奶油和橄欖油拌炒 1 小顆洋蔥切成的細丁、1 把巴西利細丁和少許蒜末。撒上麵粉，拌入 250 公克洗淨並切片的蘑菇。用鹽和胡椒調味，開小火煨煮，直到蘑菇煮熟。蘑菇加熱會出水，應該剛好可以和麵粉充分混合，看起來像是有點稠化的燉蘑菇，而不是醬汁。這道蘑菇醬配麵條、雞肉、牛排或小牛肉都非常出色，上菜前別忘了丟一大塊奶油。

辣根核桃醬

WALNUT and HORSERADISH SAUCE
Sauce raifort aux noix

去殼去膜的核桃 60 公克、高脂鮮奶油 150 毫升、現磨辣根泥 2 大匙、糖 1 小匙、鹽少許、檸檬果汁 ½ 顆的量。

在已去殼的核桃上澆熱水，待不燙手就可把內膜搓掉。這個步驟做來有點無趣，不過如果拿未去膜和去膜的核桃所做成的醬汁相比，後者嘗起來更為細緻。這是烹調時抄捷徑導致失敗的最佳範例。

把去膜後的核桃切得極碎，輕輕拌至鮮奶油中，加入辣根並用鹽調味，最後再擠入檸檬汁。

茄汁醬

TOMATO SAUCE
Salsa di pomidoro

把 1 公斤熟透的番茄切碎，連同 1 顆洋蔥、1 根胡蘿蔔、1 支西洋芹和少許巴西利切成的細丁加進湯鍋。用鹽、胡椒粉和 1 撮糖調味，開小火煨煮，直到番茄快要變成軟泥，再用細孔濾網過篩。

把過篩的番茄泥放回湯鍋煮到水分收乾，這就是濃縮的茄汁醬。完成的茄汁醬可以搭配肉類、魚鮮或各種麵條食用，上菜前別忘了撒上切碎的新鮮羅勒葉。

新鮮番茄醬

FRESH TOMATO SAUCE
Salsa di pomidoro crudo

把 500 公克熟透的番茄丟入滾水中 30 秒，取出後撕除外皮。把番茄切碎，加入少許洋蔥丁、蒜末、切碎的巴西利或新鮮羅勒，以及手上最好的橄欖油拌勻。靜置 1 或 2 小時即可。

加泰隆尼亞茄醬

TOMATO, GARLIC and ORANGE SAUCE
Sauce catalane

從佩皮尼昂（Perpignan）到朗格多克（Languedoc）西部，這裡的烹調深受西班牙人影響。在西班牙當地，它是專門配鷓鴣和豬肉的醬汁，但是它也很適合與其他菜色一起吃，無論雞、羊、煎蛋或烤火腿都很出色。苦橙給醬汁帶來新奇有趣的風味，不過不宜煮超過 20 分鐘，否則苦味會太重。

在法式炒鍋內加熱 2 大匙橄欖油，加入 2 瓣大蒜後立刻倒入大約 500 公克去皮略切的熟番茄。用少許鹽、胡椒粉和糖調味，煨煮 10 分鐘。接著加入 6 瓣去籽但不去皮的苦橙，不加蓋，再煮 20 分鐘，直到醬汁變得濃稠。上菜前把大蒜挑掉。

甜蜜宴饗
Banketting Stuffe

「本月我們有海葵、菫菜、糖芥、櫻草、雪花蓮、黑黎蘆、菟葵和報春花，此外溫床上有水仙和風信子。」

《全能英國園丁》（The Complete English Gardener），威爾特郡歐佛頓花園園丁山繆‧庫克（Samuel Cooke）著；一七八〇年，約翰‧庫克（John Cooke）印製，在倫敦派特諾斯特街「莎士比亞之頭」（Shakespear's-Head）。

那則十八世紀歐佛頓花園於十二月的花卉名單，讓我想起伊斯勒‧科普利在一八三四年的《管家指南》（Housekeeper's Guide）中提到裝飾查佛果盅（trifle）的美妙手法。那是一道篇幅很大的食譜，用的都是當時常用的食材——拿坡里油炸球或手指餅乾、拉他飛杏仁餅或迷你馬卡龍、白酒、白蘭地、杏仁片、果醬、一品脫濃稠的卡士達、一品脫半的打發鮮奶油、一把滿天星糖粒（non-pareils sprinkles）。組合甜點時「別忘了在四處裝飾花朵。要挑選沒有施藥的花卉：紫羅蘭、三色菫、報春花、櫻草、九輪草、老鸛草、香桃木、莢蒾、胡蔓藤、菫菜和小玫瑰。只要使用當季花卉，一整年都有花可用。」

我挺好奇歐佛頓夫人有沒有使用由園丁山繆‧庫克種植的無毒花卉，比如菟葵、櫻草、報春花，來裝飾冰淇淋、查佛果盅和布丁等節日必有的甜點。在十八世紀的宴會桌上可以看到蜜餞、柳橙和葡萄果干、金線糖（spun sugar confections）、一盤盤的酒香凝乳（syllabubs）、金字塔型果凍、做成繩結、指環和蝴蝶結的杏仁小蛋糕、嵌入糖化水果的杏仁膏、凝乳塔，以及鋪滿桌面的各色糖果。毫無疑問，這類美食大多由女管家在專屬的操作室完成，少部分則購自專門的甜點鋪。糖化或蜜漬花果、檸檬、柳橙和柑橘類果皮、糖漬杏仁，以及裹上杏仁膏的糖果，只有具備長期經驗和專業技能的人才有辦法駕馭，事實上現在還是如此。

閱讀十七世紀餐飲時，有一件事我們始終無法領略，那個時期稱糖果和杏仁膏、新鮮水果和蜜餞、小蛋糕和餅乾等甜食為餐宴小點（banquet course），它們被安置在距離用餐的晚宴廳相當遠的房間內，有時候甚至在另一棟建築物裡，可能在涼亭後的花園，又或者在屋頂上。餐後派對就在此舉辦，各個桌面上陳列著甜點，甜點在伊莉莎白時代與早期雅克布時代被稱之為「banketting stuffe」。放眼皆是各式甜食和香料酒，音樂家在燭光中演奏，如果甜點廳面積夠大的話，還可以舉辦舞會。

英國人最早知悉糖果工藝，是源自義大利的資料。我們早期食譜的來源是出版於一五五七年義大利書籍的法文譯本，由吉羅拉莫‧盧瑟立（Girolamo Ruscelli）編寫，他也被稱為皮埃蒙特的亞歷西斯（Alexis of Piedmont）。這是十六世紀最受歡迎的祕密之書，當時所謂的「祕密」主要是醫療和美妝，大多是為了專業藥劑師、煉金術士和醫師所撰寫，而非業餘人士。然而事實上，伊麗莎白女王對各種新鮮事物和知識充滿熱情（譯本出現於一五五八年，也就是她登基那年），因此那些出版物無可避免地進入眾多受過教育的家庭，「祕密」因而被不斷複製，幾乎只要有閱讀及書寫能力的家庭皆有存本。

威廉‧華德（Wyllyam Warde）於一五五八年把《皮埃蒙特的亞歷西斯大師的祕密之書》（The Secretes of the Reverende Maister Alexis of Piedmont）從法文譯成英文，因此，原先出現在少數家庭抄本中為數不多的糖果食譜，在十八世紀後期透過書讓更多人閱讀得到。那個時期糖正好取代蜂蜜成為主要的甜味調料，並用來保存水果，人人對於如何用糖取代蜂蜜的技術求知若渴，皮埃蒙特的亞歷西斯的糖果食譜兩者並行——大約只有十數個——這點尤其吸引眾人，他原來的讀者當然也是。

其中有教導如何澄清蜂蜜和糖，以及糖化柑橘、用西班牙人的方式糖化蜜桃、用糖保存榲桲或做成榲桲蜜餞。此外還有用蜂蜜保存蜜瓜、南瓜和葫蘆瓜皮，以及糖化香料綠核桃、蜜漬櫻桃和柳橙皮等方法。

對於這本書的原始讀者來說，最有趣的是製作一種「糖膏，可以用來捏製成形形色色的水果，以及其他精緻的物品，比如餐盤器皿、玻璃杯、杯具，以及可以裝飾餐桌的小道具；餐後就可以直接吃掉它們。坐在餐桌邊可真是心曠神怡。」配方的祕訣是在糖膏中加入黃芪膠增強硬度，但仍然具有彈性，可以塑成「喜歡的物品」和「可展示在餐桌上美麗的裝飾品，不過小心不要靠近會散熱的物品。享用完甜點就可以吃掉它們，或者打破這些餐盤器皿、玻璃杯、杯具和所有的裝飾品：因為這些糖膏製品不僅賞心悅目還美味可口。」

從原本單純的出發點發展至糖果工藝，十七世紀中葉時，它在義大利已經飆升到難以望其項背的高度，著名的藝術家、木雕家和雕塑家都接受羅馬、佛羅倫斯、拿坡里、曼圖亞（Mantua）和米蘭的教皇主教與王公貴族的交付，為餐宴設計及製作糖製焦點裝飾，這項非凡的藝術從義大利傳播到法國，經由安東尼・卡雷姆（Antonin Carême）完美的演繹，將之推向高峰，他是十九世紀中葉的名廚，據說他宣稱建築只不過是甜點藝術的分支。

摘自《烹飪上的小提示第三期》（Petits Propos Culinaires 3），一九七九年十一月

甜食與糕點
SWEET DISHES *and* CAKES

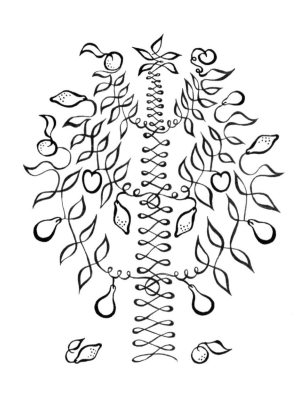

這章除了最簡單的鮮奶油和蛋糕、冰品和水果甜點之外再無其他，因為精緻的糕點與糖果需要這門藝術的實踐經驗和知識，它與一般家庭烹飪截然不同。

南方國家的甜點，尤其是地中海東部，是指非常甜的小蛋糕、糕點和水果盅。蛋糕通常需要蛋、糖、蜂蜜、杏仁、開心果、玫瑰純露、芝麻以及《天方夜譚》裡的材料。許多時候會是一小碗優格，再配上糖和榅桲（quince）或小柑橘糖漬果丁一起吃——它嘗起來比較像果醬而不是糖煮水果。

夏日時分的英國再沒有什麼比水果拌鮮奶油更美味了，草莓和覆盆子剛進入產季時味道還不夠，要等到盛產時價格壓低再入手，就可做果浮（fruit fool）、果漿和水果派。鵝莓浮和鵝莓塔，以及由覆盆子與紅醋栗做成的夏日布丁，是英國餐桌上閃耀的珍珠。水果冰就只是用果汁與糖凍成的，很適合清新餐後的腸胃。初夏時，檸檬在漿果盛產前相較之下較為便宜，可做酸甜的冰淇淋和水果冰；進口的杏桃還沒熟到可以做甜點時，也可以做成冰。

南方的冬季，有產自希臘與士麥那（Smyrna）甜美的無花果乾和葡萄乾，大馬士革的杏桃是帶著果核乾燥熟成，而土耳其果飴則是要配上甜滋的土耳其咖啡。義大利有沙巴雍、西西里卡薩達（cassata）和極品冰淇淋，西班牙人喝咖啡配牛軋糖、杜隆糖（turróns）和榅桲果糊，普羅旺斯北方的小城阿普特（Apt）生產糖化杏桃和各種蜜餞。此外，只要在尼斯、坎城和熱那亞商店看過任何所能想像得到的水果蜜餞，將永誌不忘。

夏日布丁

SUMMER PUDDING

這道美妙的甜食廣為人知，可惜正統的做法卻少之又少。

準備 500 公克覆盆子和 125 公克的紅醋栗，以及大約 125 公克的砂糖。不用加水。把所有材料煮 2 或 3 分鐘，然後放涼。準備一只有深度的圓形容器（舒芙蕾烤皿就很適合），把隔夜麵包四邊的硬皮切除，鋪在容器內。麵包的厚度應該和一般三明治吐司一樣。整個容器的底部和周圍都要鋪滿麵包，每片麵包之間不能有空隙，以免果汁滲漏。把水果填進去，保留少許果汁，再用一層麵包把水果蓋住。上面放一個剛好可以塞入容器的盤子，盤子上再放 1 至 1.5 公斤的重物。把這整組放在食物儲藏室最冷的區域或冰箱中過一夜。食用時把夏日布丁倒扣到盤子裡（不要用平底的盤子，否則果汁會流出來），再淋上保留的果汁。

這道水果盅通常會搭配新鮮高脂鮮奶油一起吃，但是單獨食用甚至會更美味。

可供四人食用。

鵝莓浮

GOOSEBERRY FOOL *

這是一道傳統的英式甜點，不過做得好的並不多。

準備 500 公克綠色鵝莓，不用去除頂端和底部，加入 125 公克砂糖，拌一下再放進鍋內蒸軟。把鵝莓打成泥並放涼，加入 150 毫升高脂鮮奶油攪勻。嘗一下味道，如果水果太酸就加些糖。冰透後才享用

可供四人食用。

*fruit fool 是鮮奶油拌果泥的英式傳統甜點。

覆盆子奶酥

RASPBERRY SHORTBREAD

覆盆子 500 公克、白糖少許、奶油 60 公克、麵粉 175 公克、淡味黑砂糖（muscovado sugar）、薑粉 ½ 小匙、泡打粉 1 小匙。

準備一個大而淺的派盤，放入覆盆子，撒上白糖。把奶油切成細丁，與麵粉一起搓到完全混合，再加入黑砂糖、薑粉和泡打粉搓勻。接著輕輕地把它撒在覆盆子上，把表面抹平但不要用力按壓。放進預熱好的烤箱中層，以攝氏 180 度（瓦斯烤爐刻度 4）烤 25 分鐘。冷食或熱食皆可，都很美味。

可供四人食用。

覆盆子和紅醋栗慕斯

RASPBERRY and REDCURRANT MOUSSE

紅醋栗和覆盆子各 250 公克、糖 125 至 175 公克、蛋白 2 枚。

覆盆子和紅醋栗打成汁，依序加入糖和事先打到乾性發泡的蛋白。接著倒入小湯鍋內，開小火煮 3 分鐘，邊煮邊攪拌，直到混合糊變稠，並且像舒芙蕾一樣澎高。把慕斯倒進酒杯，搭配鮮奶油趁熱食用，或者裝到容量適宜的高邊容器內放涼。慕斯放涼後，有些果汁會滲出並沉到底層，食用前攪勻即可。

這份甜食很受小孩歡迎。

可供四人食用。

哈密瓜鑲野草莓

MELON STUFFED
with WILD STRAWBERRIES
Melon aux fraises des bois

在哈密瓜較寬那頭切下一塊厚片，去除籽囊，挖出瓜肉，小心不要破壞瓜皮。把瓜肉切成小塊，連同 375 公克的野草莓、少許糖和 2 至 3 大匙波特酒混合一起，再填回挖空的哈密瓜內，把剛才切開的厚片蓋回去。在哈密瓜周圍鋪碎冰，靜放數小時讓滋味融合。千萬不要把哈密瓜放進冰箱，否則濃郁的瓜味會滲入其他食物之中。

哈密瓜內的水果可以用覆盆子搭配櫻桃白蘭地或柑曼怡橙酒取代野草莓和波特酒。

可供四人食用。

白酒蜜桃

PEACHES in WHITE WINE
Pêches au vin blanc

這道甜點如果能用黃肉品種的蜜桃來做是最棒的了。把蜜桃浸入滾水裡就可輕鬆地把皮撕下。去皮後切成角狀，再直接丟進大酒杯，每個玻璃杯裡撒糖並倒入 1 或 2 大匙的白酒。完成後不要等太久才吃，否則蜜桃會變得爛糊，一點也不可口。

檸檬焦糖煨蘋果

APPLES with LEMON and CINNAMON

這是一道別出心裁的甜點，很適合在油膩、味道濃厚的肉類主菜之後上菜。不喜歡肉桂的話，可以換成香草莢來調整風味，烹煮前把它縱向剖開，再與蘋果一起加入鍋中即可，檸檬片不可省略，煮成的糖漿還是要帶檸香才好。

蘋果去芯去皮，切成適口大小，可以考慮採用考克斯蘋果（Cox）。把切下的果芯和果皮，連同每顆蘋果要用到的 2 小匙糖和 1 片帶皮檸檬一起放進小湯鍋，注入淹過材料的清水，煮成糖漿。開大火煮，大概要煮 7 分鐘。

把蘋果片放到炒鍋（法式炒鍋或普通煎鍋），把煮好的糖漿直接過濾倒到蘋果上，加蓋，用中火把蘋果煮軟但還不致破碎。喜歡的話可以再多加些糖。

把蘋果片盛到淺餐盤，上頭擺幾片檸檬做裝飾，也可增添香氛。這道蘋果甜點冷食和熱食皆可。

一次要做一大份時，有個變化做法可以讓你更省力。把蘋果片鋪到烤盅，倒入準備好的糖漿淹過蘋果，加蓋（烤盅沒有蓋子的話就用鋁箔紙），放進預熱好的烤箱，以攝氏 160 至 180 度（瓦斯烤爐刻度 3 至 4）烤 25 至 35 分鐘。直接用原來的烤盅上菜，最後千萬不要忘記撒上肉桂粉。

每人份為兩顆蘋果。

紅酒燉梨

PEARS BAKED in RED WINE
Poires étuvées au vin rouge

這道燉梨的煮法，幾乎用所有的鑄鐵鍋來煮都美味可口，尤其適合那些擁有古早時代燃料用厚鍋的家庭。

把梨去皮留梗，放進可耐高溫的高邊烤盤或陶鍋。每 500 公克的洋梨用上大約 90 公克的砂糖。注入淹過一半高度的紅酒，再添加剛好淹過洋梨的清水。置於烤箱內，用低火溫烤至少 5 至 7 小時，把洋梨煮到相當柔軟，水分則幾乎收乾。當紅酒開始減少，要不時把梨翻面。

這些梨煮好後呈現紅棕色，把它們和剩餘的湯汁舀至大盤，放涼後食用，配上另外裝盤的鮮奶油或米布丁，就是非常出色的甜點。把洋梨梗朝上，像金字塔般直立地排列在矮邊餐碗或帶底座的果盤，這樣的擺盤最勾人胃口。

咖啡冰淇淋

COFFEE ICE CREAM
Glace moka

這款冰淇淋用料講究，口感細緻，可以品嘗到溫和而純粹的咖啡風味。

首先把 125 公克現烘的咖啡豆放進大理石研磨缽，用杵捶打但不要磨細，因此咖啡豆是破裂而不會粉碎。把咖啡豆連同 600 毫升的鮮奶油、3 枚事先打勻的蛋黃、1 長條檸檬皮和 90 公克淡味紅糖放進小湯鍋，用非常小的火力煮到變稠，要不時攪拌。把鍋子離火，持續攪拌直到變涼。用細孔濾網過篩，暫放一旁降溫。當鮮奶油涼透，變得濃稠，輕輕拌入 125 毫升事先與 1 大匙白砂糖稍微攪打過的高脂鮮奶油。接著倒入製冰器或冰盤，用鋁箔紙包好，置於冰箱的冷凍庫，把溫度調到最低，冷凍 3 小時。冷凍滿 1 小時後要攪拌冰淇淋，把邊緣部分攪到中央，完成後把冰淇淋全部倒到平盤，分切為四。

咖啡豆可以留到下一批冰淇淋時重複使用。此外，用 600 毫升的牛奶和 5 枚蛋黃來做花費較少，還是可以做出優質的冰淇淋。要記得用淺焙咖啡豆來做。

可供四人食用。

黑莓冰

BLACKBERRY WATER ICE

糖 125 公克、清水 125 毫升、甜天竺葵葉(geranium leaves) 2 至 3 片(手邊有的話就加進去)、黑莓 500 公克(打成果泥)。

把糖、水和 2 片天竺葵葉滾煮 5 至 6 分鐘，煮成糖漿。放涼後與過篩的黑莓泥拌勻，倒入冰盤，上面擺 1 片新鮮的甜天竺葵葉，或者一起倒進冰淇淋機。如果用冰盤，要用鋁箔紙包好，冷凍 2.5 小時。可以用 1 或 2 大匙的玫瑰純露代替天竺葵葉。

可供四人食用。

白雪起司

SNOW CHEESE

這道甜食很討喜，嚴格說來它並不是奶油起司，不過食用的概念與法式鮮奶油凍（Crémets）相似。英國烹飪書籍記載白雪起司的做法絕對可以溯及至十七世紀中葉，甚至更早。我這裡的做法採用早期維多利亞時代某個手稿。

高脂鮮奶油（double cream）350 毫升、細砂糖 125 公克、檸檬 1 顆、蛋白 2 枚。

大碗中倒入鮮奶油，加入糖、刨下的檸檬皮絲和濾去果肉細渣的檸檬汁攪勻。把圓形濾網或起司模架在盤上，再把一塊打溼的細紗布覆蓋其上。

把鮮奶油打發到提起攪拌器時蛋白的尖端直挺不下垂，不要打太過，否則會油水分離。把蛋白打到乾性發泡，再輕輕翻拌入鮮奶油，最後倒到紗布上。靜放一整夜，使水分排出，完成後倒扣至淺盤。

白雪起司搭配純味小麥餅乾或薄脆威化餅一起食用。

可供四人食用。

奶油燒蘋果

APPLES COOKED in BUTTER
Pommes au beurre

我向來不會特別喜歡把蘋果煮熟的食物，不過從法國人那裡我學到兩個煮蘋果的珍貴重點。第一，盡可能挑選口感脆實的甜蘋果，不要理會那些英國蘋果菜色中所要求的烹飪用酸蘋果。第二，如果完成品要趁熱吃，就要用奶油煮，而不是清水。煮熟的蘋果所夾帶的奶香與脂香遠超過那額外的小花費。

把 1 公斤甜蘋果去皮去芯，切成厚薄一致的薄片。在煎鍋內融化 60 公克奶油，放進切好的蘋果，加入 3 或 4 大匙的白砂糖（喜歡的話可以使用香草糖）。開小火把蘋果煮到透明，變成淡金色。把蘋果翻面時要小心，以免破碎，蘋果片互相沾黏時不要攪拌，晃動鍋身讓它們散開即可。煮好後要趁熱吃，此外我不覺得還需要配上鮮奶油，細緻的奶油香氣就夠迷人啦！

可供四人食用。

糖煮杏桃

APRICOT COMPÔTE

成熟飽滿的杏桃剛從樹上摘下，還泛著陽光的暖意，現吃最是銷魂。再不然就是摻糖煮軟，帶出略帶煙燻的氣息以及蜜甜的滋味。

鍋中放入剖半去核的杏桃，注入剛好淹過一半的清水和適量的糖，加蓋，用小火慢煮。每 1 公斤的杏桃大約用上 125 公克砂糖。期間要小心查看，避免把杏桃煮過爛，變成果泥。煮好後，把杏桃盛到餐盤備用，把剩下的湯汁收到濃稠，再淋到杏桃上。

冰過以後才食用，不要加鮮奶油一起吃，因為它會掩蓋杏桃的風味。

托隆糖

TORRONE MOLLE

「Torrone」是義大利文各類牛軋糖的總稱，因此這道甜食照字面上翻譯就是「軟牛軋糖」。它可說是一項巧妙的發明，因為根本不需要烹調，即使是最沒有經驗的新手都可以成功地做出來。材料中採用原味餅乾和巧克力，令人聯想到苦巧克力塊配奶油脆餅，這個組合是最受歡迎的野餐美食。托隆糖要放到隔天才吃，味道更好。

* 奶油 175 公克、可可粉 80 公克（過篩）、杏仁粉**（ground almonds）80 公克、糖 175 公克、蛋 1 顆、蛋黃 1 枚、Petit Beurre 或 Osborne 廠牌的奶油餅乾 80 公克。

把奶油和可可粉一起攪拌成軟糊，拌入杏仁粉。鍋內放糖和少許水，用小火煮融，稍微降溫。把糖液倒入可可奶油糊中，再把蛋打入拌勻，接著加入切成與杏仁差不多大小的餅乾丁。最後這個步驟動作要輕柔，以免把餅乾捏碎。把混合好的材料放入抹了油的長方形麵包模或脫底式蛋糕模，置於冰箱或食物儲藏室最冷的區域冷藏。牛軋糖定型後，倒扣在餐盤，切成小塊即可食用。

可供六至八人食用

* 這個食譜除了奶油和蛋以外，其他食材都沒有標示分量，譯者用私房配方，依照比例把遺缺補上。
** 此處杏仁粉是指由整顆堅果杏仁打成的粉末，與國人泡製杏仁茶的南北杏不同，請勿搞混。

巧克力慕斯

CHOCOLATE MOUSSE

每人份需要的材料是原味或香草巧克力 30 公克、蛋 1 顆。

在厚實的鍋中，用小火把巧克力和 1 大匙的清水融化，趁此加入 1 大匙蘭姆酒也不錯。把巧克力攪拌到滑順。把蛋黃與蛋白分開，把蛋黃打勻，再把融化的巧克力一點一點倒入蛋黃中拌勻。

把蛋白打到乾性發泡，分次拌入巧克力，使其充分混合，否則巧克力會沉在底部。完成後舀入舒芙蕾烤皿，高度要剛好到容器頂部（沒有什麼比看到少量慕斯藏在大玻璃碗還讓人難過），再把慕斯放到陰涼的地方定型。除非趕時間，否則不要放在冰上，因為這樣會讓慕斯變得太硬。

融化巧克力時，可以用 1 大匙黑咖啡取代清水。

金吉拉巧克力

CHOCOLATE CHINCHILLA

這是一份精彩卻不需要什麼花費的食譜，還能消耗製作美乃滋、貝亞恩醬或其他以蛋黃為主的醬料所剩下來的蛋白。它同時也是一道表現巧克力和肉桂為天作之合的甜食，這種口味可溯及到十六世紀，當西班牙人首次用船隻把可可豆等產品從南美洲運往西班牙之時。雖說長久以來，在其他各地的巧克力飲料和食物中，香草早已取代肉桂，一躍成為最受喜愛的調味，然而添加肉桂的巧克力製品在西班牙還是屢見不鮮。我相信墨西哥也是如此。

肉桂的風味和品質會隨著存放的時間改變，如果肉桂粉在食物儲藏室中放置過久，1 小尖匙的用量要幫這裡的巧克力調味很可能不夠。

不含糖的可可粉 60 公克（過篩）、細砂糖 90 公克、肉桂粉 1 小尖匙、蛋白 5 至 7 枚。

把可可粉、糖和肉桂粉拌勻，蛋白打到乾性發泡。把混合好的乾粉一點一點加到蛋白裡，將兩者輕輕翻拌均勻。進行這個步驟時，用大的金屬湯匙或寬的橡皮刮刀會比較好上手。

準備一只咕咕霍夫模，或中央有凹洞，附夾扣蓋子的蒸布丁模，在內層抹上奶油。奧地利和德國廚師用這類烤模做打發的蛋白含量高的甜點或蛋糕。烤模中央的凹洞最大的用途是讓混合糊在烘烤時受熱均勻，如果用舒芙蕾或一般的圓型烤模來烤，即使邊緣或表面的蛋糕都烤熟，中間部分還要多烤個幾分鐘才好。無論如何，做這道甜點所用的烤模容量要大約 1 公升。

把混合糊裝滿烤模後放在烤盤上，不加蓋（因為這份特別的食譜不需要用到蓋子），在烤盤裡注入到烤模一半高度的清水。把混合糊放在預熱好的烤箱中層，以攝氏 160 度（瓦斯烤爐刻度 3）烤 45 至 50 分鐘。這種類似舒芙蕾但沒用到蛋黃的烘焙品，一旦受熱就會膨脹得非常壯觀，不過因為要放涼了才吃，它又會以驚人的速度下陷。除非從烤箱取出後，把它放到溫暖的地方慢慢降溫，要避免通風或溫度突然變低。金吉拉巧克力變涼後會萎縮，也就很容易脫模。它的口感細緻，還有漂亮的暗黑色澤。

食用時淋上摻了少許雪莉酒、蘭姆酒或白蘭地的新鮮鮮奶油。

可供四至六人食用。

聖埃米雍巧克力

ST ÉMILION au CHOCOLAT

奶油 125 公克、細砂糖 125 公克、牛奶 190 毫升、蛋黃 1 枚、巧克力 250 公克、杏仁蛋白餅
（macaroons）12 至 16 個、蘭姆酒或白蘭地。

用電動攪拌器把奶油和細砂糖打到變成乳霜狀。把牛奶煮滾後放涼，再與蛋黃攪勻。巧克力用
少許水煮融，加入牛奶蛋黃液拌勻，再一點一點加到奶油和糖打成的乳霜中，小心攪拌，直到
均勻滑順。

在舒芙蕾烤盅內，排上一層事先泡過少許蘭姆酒或白蘭地的杏仁蛋白餅，接著淋上一層巧克力
糊，再鋪一層杏仁蛋白餅，以此類推，直到烤盅裝滿為止，最上層是杏仁蛋白餅。把烤盅放在
陰涼處至少 12 小時才可食用。

可供四至六人食用。

巧克力蛋糕

CHOCOLATE CAKE
Gâteau au chocolat

這款巧克力蛋糕可以當成布丁來吃，備料簡單、便宜，做起來一點也不難。

苦味巧克力 125 公克、奶油 90 公克、中（低）筋麵粉 2 大匙、細砂糖 125 公克、蛋 5 顆。

用烤箱融化巧克力，與軟化的奶油、麵粉、糖和打勻的蛋黃混合均勻，再拌入打至乾性發泡的蛋白。把混合糊倒入抹了奶油，直徑 15 公分或容量 750 毫升的長型蛋糕模，放入預熱好的烤箱，以攝氏 180 度（瓦斯烤爐刻度 4）烤 35 分鐘。蛋糕的表面會形成一層薄薄的硬皮，但是如果戳入鐵叉測試，感覺似乎還沒完全烤熟，事實上這是正確的，因為蛋糕放涼後就會變得緊實。

蛋糕一不燙手就倒扣到蛋糕架上，等到完全放涼之後，可以塗抹稍加打發的鮮奶油或下述的巧克力醬——把 90 公克原味巧克力掰碎，連同 1 至 2 大匙的砂糖和 2 或 3 大匙的清水放入耐高溫的容器，置於烤箱內融化。取出後要拌至滑順，再加入 30 公克奶油拌勻。把巧克力醬稍微放涼，用脫模刀塗到整個蛋糕上，要把表面抹勻時，脫模刀可以不時沾點水，比較好操作。巧克力醬凝固即可食用。

巧克力醬的份量可以塗抹一個小蛋糕，不過它的質地相當濃稠，沒用完的部分倒是可以保存一段時間。

咖啡蛋糕

COFFEE CAKE
Gâteau moka

這是一款簡單又樸素的老派蛋糕,咖啡奶油餡讓偏乾的蛋糕體變得濕潤,配上鮮奶油和冰淇淋一起吃,更是停不了口。

製作蛋糕:把 90 公克的香草糖和 3 枚蛋黃打到蓬鬆,加入 90 公克的麵粉拌勻,再拌入用 3 枚蛋白打到乾性發泡的蛋白霜。把麵糊倒到抹了奶油的長方形蛋糕模(容量約 900 毫升),放入預熱好的烤箱,以攝氏 180 度(瓦斯烤爐刻度 4)烤 30 分鐘。從烤箱取出後,放涼數分鐘才可以倒扣到蛋糕架上。

製作咖啡奶油餡:把 90 公克軟化的奶油與 1 枚蛋黃充分混合,加入 90 公克事先過篩的糖粉拌至滑順,再拌入 2 小匙濃咖啡(時下最順手的方式就是用即溶咖啡與少許水攪成稀薄的咖啡糊)。

把蛋糕橫剖成三至四層,在每片蛋糕上塗抹適量的咖啡奶油醬,再組合成原來的長方形。稍加按壓蛋糕,使每一層緊密黏結。要先放在陰涼處數小時才可以食用。

柳橙杏仁蛋糕

ORANGE and ALMOND CAKE

柳橙果汁 3 顆的量、柳橙皮絲 1 顆的量、麵包屑 60 公克、杏仁粉*（ground almonds）125 公克、食用橙花純露、蛋 4 顆、細砂糖 125 公克、鹽 ½ 小匙、鮮奶油 150 毫升。

把柳橙汁、柳橙皮絲和麵包屑混合均勻，加入杏仁粉拌勻，手上有橙花純露的話就加 1 大匙進去。

用電動攪拌器把蛋黃、糖和鹽打到顏色變淡，加到混合好的杏仁糊拌勻，再把打到乾性發泡的蛋白分次拌入。把混合糊倒進事先抹了奶油且撒上麵包屑的正方形蛋糕模，放入預熱好的烤箱，以攝氏 180 度（瓦斯烤爐刻度 4）烤 40 分鐘。

蛋糕從烤箱取出後，要先放涼才可倒扣脫模。抹上已經打發的鮮奶油一起吃，輕盈又可口。

* 杏仁粉見第 328 頁譯註。

英式吐司烘焙
The BAKING of an ENGLISH LOAF

只要有點進取心的人都查得到何處販售新鮮酵母（它其實沒那麼難找），買到酵母後，別忘了同時買一、兩磅中筋麵粉。回家後從櫥櫃中找出調理碗和量杯，閱讀幾篇簡單的食譜，你就可以做出一個像樣的麵包了。

如果試過兩、三次之後，你做出來的麵包還是不如你在任何一家英國商店購買的好吃（這些商店包括健康食品店、全食物商店、蔬食簡餐店和自製商店，以及一般連鎖麵包店、供應商和小型獨立烘焙坊），我就吃掉我的帽子、你的帽子，以及我面前大部分的東西，但絕對不吃英國商業製造的麵包。

請不要妄下結論，我一點也沒想要說服你烘烤自己的麵包，我只不過在你認為必須這麼做時，告訴你從何處著手。而在這個年代，有人因為被迫才接觸這項自古流傳的活動，令我感到既荒謬且羞愧。

沒有任何一位法國女性，至少可說沒有任何一位都會女性未曾夢想烘烤自己的麵包。在法國，每位麵包師每天至少要出爐兩次新鮮麵包，以供應一般家庭所需。如果某天這個規律出錯，連學生都知道將會爆發革命。如果瑪麗・安東妮（Marie Antoinette）是真正的法國公主，而不是來自哈布斯堡家族，她絕對不會（或據傳曾經）說，法國人可以用糕點取代麵包賴以維生。

最近的是在一九六五年夏天，巴黎人群起反對每年八月有百分六十的麵包店休息。對巴黎人來說，最大的不滿在於必須步行約一公里之遠，才可以找到一家願意在大家奔向海邊與鄉間之際留守營業的麵包店。政府因此不得不介入，下令麵包師（並非鞋匠、水管工、電工和洗衣店，就只是麵包師）必須彼此錯開假期。換句話說，麵包師有公共責任，不能擅離職守。

在法國，餐桌上如果沒有夠好、夠多的麵包，根本不算一頓飯。就這點來說，除英國以外，它是全歐洲的通例。我是指英格蘭，而非蘇格蘭或愛爾蘭，這兩個地方還是可以買到真正的麵包。

英國愛國主義者的某一學派更是表達對英國的信仰，即英國擁有最好的食材，「英式高級料理是世界上最好的美食」。剛下的雞蛋與毫無瑕疵的紅寶石一樣罕見，英國奶油品質不如荷蘭、丹麥或波蘭，供應倫敦人和其他城市居民的新鮮蔬菜由塞浦路斯或肯亞航運而來，或是來自義大利、西班牙和馬德拉等地，而我們的起司標籤是工廠大量製造——基本食材都無法取得的情況之下，居然有人如此宣稱，我實在感到不可思議。此外，很顯然地，不到千分之一的人或餐廳老闆抓住一個重點，如果提供顧客或客人一小片三角白麵包，把它做作地盛放於鋪有餐巾的側盤上，即使像艾斯考費耶一樣，擁有優質的食材和高超的廚藝，那一餐飯還是味如嚼蠟。

許多烹飪文章的讀者一定聽膩了一頓飯必須包含一道主菜、沙拉、起司和一條脆皮麵包，如此才是飽足又營養均衡、煮來輕鬆且經濟實惠的家庭料理。好吧，如果你辦得到的話，那就是真的，而事實上，麵包和起司的組合就是完美的一餐，根本不需要所謂的「主菜」。可悲的是，我們很少有人隨手一抓就有起司或麵包，除非居住的地方離起司專賣店僅寸步之遙，而附近的麵包店不只是烘烤自己所要販售的獨立商店，還得烤得好，並且能配合一般家庭主婦購物時間出爐。

我重申，我不是在遊說那些能夠將就市售麵包的人，因為他們只是沒有時間或意願自己做，我也沒向的確喜歡市售麵包的人說教。我是在給那些已經有某些概念的人基本指導，他們願意大費周章花三天時間規畫宴客菜單，比如酪梨填蝦、杏仁片裹鱒魚、菲力派餅、鳳梨冰淇淋，並且能夠不斷供應自行研磨豆子的過濾咖啡，然而卻無法提供客人像樣的麵包。此外我毫不諱言地說，那些可以自己做出美味麵包的主婦，餐桌上根本不需要什麼充場面的菜色。當然，如果你還是希望端出漂亮、體面的菜來（我們經常歪打正著做出正確的決定），何不考慮讓你的朋友或對手品嘗新鮮自然的麵包？就用真實的口感、完整的脆皮和明顯的鹹香滋味來打動朋友的心或擊潰對手吧！

英式吐司的吃法，就是放在餐桌上直接切成大厚片，邊切邊吃邊享受。

摘自《皇后》（Queen），一九六八年十二月四日

麵包與酵母烘焙
BREAD and YEAST BAKING

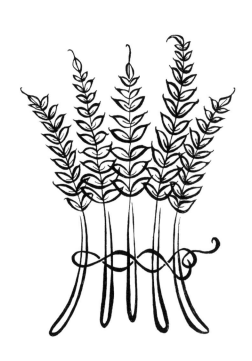

理想的英式麵包與酵母麵團所用的麵粉都是由硬質小麥研磨而成，而蛋糕、油酥點心和調味粉則是用軟質小麥麵粉。硬質小麥麵粉麵筋含量高，麵團容易膨脹且富彈性。軟質小麥麵粉比較適合做扁麵包（法國的麵包大多使用軟質麵粉，因為這種小麥主要種植於法國，因此法國人做麵包的技術是因應麵粉的質地而發展）。幾乎所有市售的普通白麵粉是軟性的家常麵粉，不過現在櫥架上也可以看到硬質小麥類的高筋白麵粉。

如今在超級市場、雜貨店或健康食品專賣店都可看到全麥麵粉、石磨麵粉、100%、90% 或 85% 全麥麵粉、粗磨麥粉。100% 全麥麵粉是指由整顆完整的麥粒研磨而成的麵粉，沒有任何添加物；90% 和 85% 全麥麵粉是將麥殼和麥麩去除後製成的麵粉，可烘烤出柔軟細緻的麵包。某些全食物論者推薦使用這類麵粉做烘焙和醬汁。我並不以為然。

揉製麵團時就能明顯地感受到高筋麵粉與軟性家常麵粉的差異，前者很快就能形成有光澤的麵團，後者則會呈現糊泥狀，並且容易黏手，需要多費些時間揉製才會定型成團。

麵粉可以混合使用，比如用 125 公克的 100% 全麥麵粉和 375 公克軟性的家常麵粉所烤成的淡褐色吐司，雖然沒有用筋性強的中筋麵粉，或等量的烘焙專用硬性小麥麵粉與 90% 或 85% 全麥麵粉來得出色，不同的組合都能烘焙出相當不錯的吐司成品。

某些健康食品店和蔬食簡餐店販售由全麥麵粉烘焙成的吐司，不僅口感厚重，嘗起來還像糕點，這是因為那些麵包並不是專業烘焙而成，口感乾而膩口，打算讓除了堅果迷之外的人，這輩子對手工麵包避而遠之。除此之外，這些所謂的手工製健康食品的定價可真是把人當冤大頭哪！

基本吐司

A BASIC LOAF

這個食譜可以做一條 800 至 850 公克的大吐司，麵粉的比例是全麥麵粉與高筋麵粉為一比二，想要全都用高筋麵粉做也可以。所用的烤模必須是高 10 公分、容量為 1½ 至 2 公升，可裝 1 公斤吐司麵團的長模。

高筋麵粉 500 公克、全麥麵粉 125 公克、岩鹽或海鹽 20 公克、新鮮酵母 15 公克或乾酵母 7 公克、攝氏 37 度的溫水約 350 毫升、塗抹烤模的油脂。

在大碗中混合麵粉和鹽，用耐熱盤蓋住碗口，放進烤箱，用低火溫烤 5 至 7 分鐘，把麵粉烤至微溫。烘烤的時間不要過久，結束後耐熱盤繼續留在烤箱內。

同時間，在杯中放入酵母，倒入剛好淹過的溫水，靜置 10 分鐘。待麵粉烤到溫熱，酵母應該已經溶於水中變成乳狀。即使現代酵母不需要加糖來活化，用乾酵母的話，還是可以在溫水中撒入 1 撮糖。

把溶解完成的酵母倒到麵粉中央，加少許溫水，用木匙以畫圈圈的方式攪拌酵母，接著倒入剩餘的溫水，用雙手把麵粉揉成團。揉製的過程中，如果麵團過於溼黏，可以撒些麵粉，揉到輕盈有彈性為止。這時再多揉個幾分鐘，直到麵團不會黏手。取出後整型成球狀，並撒上麵粉。用保鮮膜把麵團包好，再蓋上之前留在烤箱的耐熱盤。也就是說，大碗和耐熱盤都還有熱度，當酵母作用時，麵團本身也會發熱，除非天氣非常冷，其實不需要再找一個特別溫暖的地方讓麵團發酵。如果手上沒有剛好可以遮蓋大碗的耐熱盤，就只用保鮮膜也可以，這樣做有助於產生潮濕的蒸氣，使麵團發酵順利。

發酵 1½ 至 2 小時，麵團會膨脹到原來的 2 倍大，看起來圓胖有彈性。用拳頭把麵團壓扁排氣，稍加甩打後滾成球狀。

把麵團移到工作檯，在表面撒上麵粉並開始揉製，將麵團用手推開，再從頂端往中心點向下摺三折。如此重複兩次或三次。壓平排氣、揉製和甩打麵團等動作可以強化麵團的筋性，並且讓麵團發酵更為平均，使其再度發酵膨脹起來。這個食譜的麵團份量頗小，揉製麵團的過程只需要 3 或 4 分鐘。如果需要製作較大的份量，所花的時間相對較多也比較費力，這時可以選擇用電動攪拌機的鉤狀攪拌頭代勞。

把烤模預熱至微溫，在內層塗抹油脂。

麵團整型後，摺口向下放入烤模。這時麵團的體積與烤模的容量相較下略顯嬌小，不過還是先用保鮮膜或濕布封好，置於溫暖的地方。麵團很快就開始膨脹，大約 45 分鐘之後（時間或長或短），它就會膨脹到烤模邊緣。如果麵團經過細心及充分的揉製，通常很快就會完成二次發酵，體積將會膨脹得比一次發酵更為明顯。

把發酵完成的麵團置於預熱好的烤箱中層，先以攝氏 220 至 230 度（瓦斯烤爐刻度 7 或 8）烤 15 分鐘，再改用攝氏 200 度（瓦斯烤爐刻度 6）烤 15 分鐘。搖晃烤模，讓吐司直接脫模＊，側邊朝上放回烤箱，調降溫度，以 180 度（瓦斯烤爐刻度 4）烤最後 15 至 20 分鐘。用指節輕敲吐司側邊及底部，如果產生回音就表示烤好了。

把吐司放在鐵網架，或懸空橫跨在空烤模邊緣放涼。麵包一定要完全放涼才可以收起來，如果一出爐就包好或放到麵包盒中，外皮就會開始變軟。每當我在夜裡烘烤隔天的午餐麵包，我就直接在鐵網架上放到隔天要吃的時候。如此一來，麵包外皮嘗起來還是帶有脆感。

這款吐司要完全放涼後才好吃，事實上出爐後的隔天，整個風味會更為成熟飽滿。

＊ 伊麗莎白烘烤麵包時，會在中途將烤至成型的麵包脫模，將麵包放回烤箱烤熟，雖然這是半世紀前的技術，但目前仍被歐洲許多家庭烘培師採用。經實際操作，以此方式烘烤出來的麵包外殼具有歐式麵包的酥脆感，而組織則與吐司一樣柔軟。

馬鈴薯麵包

POTATO BREAD

除了在糧食短缺的年代，或有預算考量的家庭之外，馬鈴薯麵包還被某些十九世紀的作家倡導為最適合居家烘烤的麵包。原因是馬鈴薯與普通白麵粉混合後烘烤出來的麵包，不僅質地濕潤，口感也不會厚重。我所使用的是容量 1.5 公升，四邊垂直的窄口烤模。實際的尺寸其實不是很重要，我用這個形狀的烤模是因為我發現馬鈴薯麵包不僅可做三明治，拿來做香烘麵包片或奶油煎麵包也很出色。

高筋麵粉 500 公克、鹽至少 20 公克、馬鈴薯 125 公克（煮熟後擦乾，搗成非常滑順的薯泥，並趁溫熱使用）、新鮮酵母 15 公克、牛奶與水共 300 毫升。
註：如果使用乾酵母，需要的分量為 7 公克。

在大碗中混合麵粉和鹽，酵母以少許水溶解，牛奶和水倒入壺裡溫熱。把煮熟的馬鈴薯（2 顆中等大小的應該綽綽有餘）去皮，過篩成泥，確認重量後加入裝麵粉的大碗攪拌，使兩者充分混合。依序加入酵母和溫熱的牛奶與水，用一般的方式揉製麵團。完成後靜置發酵，直到麵團膨脹到原來的兩倍大，需要的時間會比普通麵包來得長些，至少 2 小時。把發酵好的麵團壓扁排氣，並稍加揉製，整型成長條狀，放入容量為 1.5 至 1.8 公升的烤模。碗口用濕布巾包好，靜置發酵，直到麵團膨脹到烤模邊緣。

把發酵完成的麵團置於預熱好的烤箱中層，以攝氏 220 度（瓦斯烤爐刻度 7）烤大約 45 分鐘，注意不要把外皮烤過焦或過硬。

重點提示：
1. 二次發酵時，用濕布巾封住碗口非常重要，否則麵團會產生硬皮，烘烤時將抑制麵團膨脹，因而形成硬殼。
2. 煮馬鈴薯這個步驟中，帶皮水煮是最棒的方式，煮熟後趁馬鈴薯還沒碎裂，立刻把水倒掉，用乾淨的厚布遮蓋馬鈴薯，加鍋蓋燜數分鐘。英國馬鈴薯最適合這種煮法，撕下外皮和過篩也簡單多了，輕輕鬆鬆就有 125 公克的薯泥，話雖如此，一次煮大批馬鈴薯，拿來做麵包之外，也做馬鈴薯煎餅或煎薯塊，那可就更經濟實惠了。

BOULA

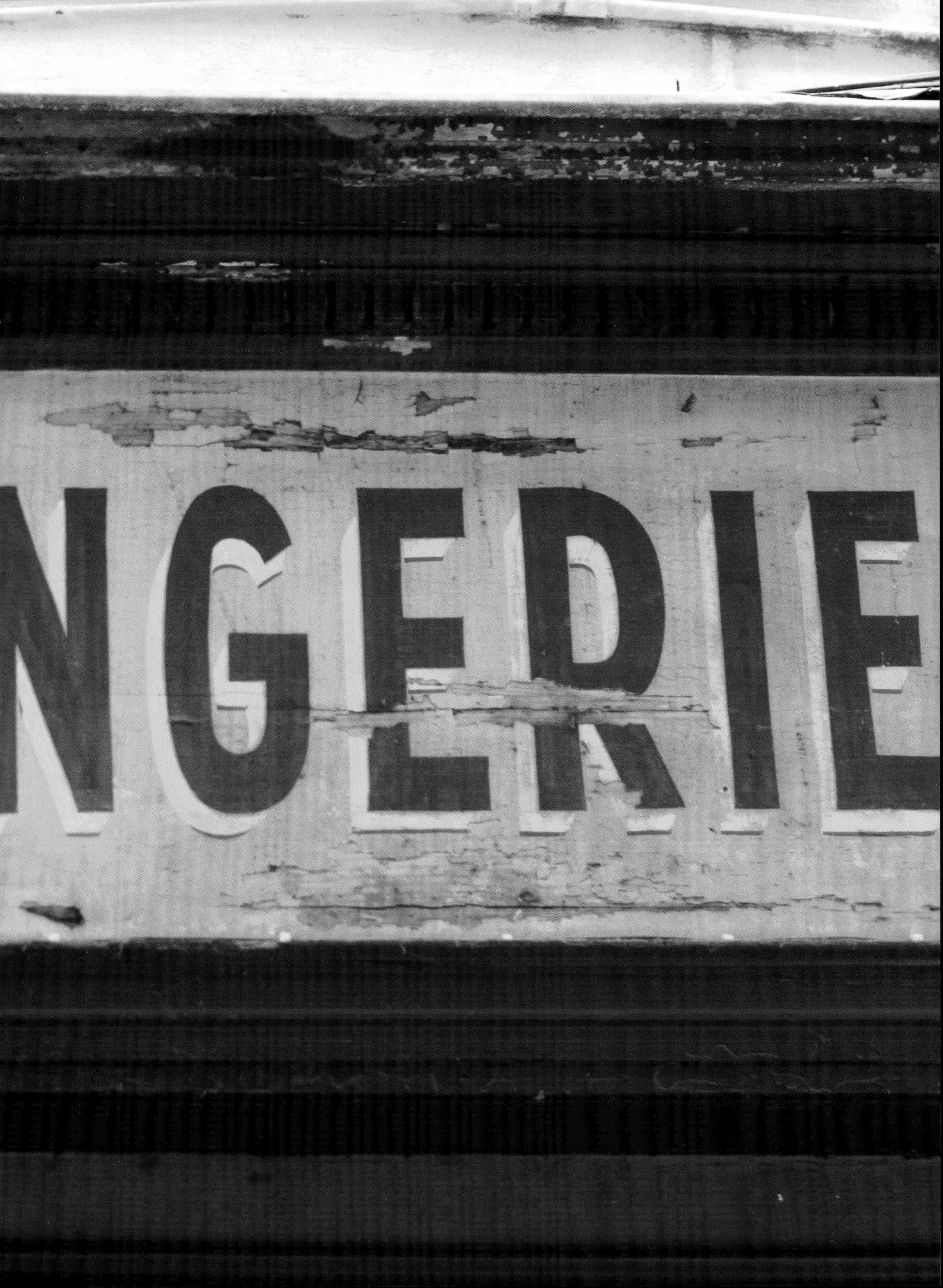
NGERIE

米麵包

RICE BREAD

這款麵包很適合保存，因為米飯可以保持麵包濕度，嘗起來的口感輕而鬆脆。它也是一種不太需要技術就可完成的麵包。我覺得選用的米種不太重要，我廚房常備義大利圓米或細長的印度香米，都曾經用來做麵包。使用糙米的話，烹煮的時間要拉長，水量也較白米來得多。這道食譜要用到容量為 1.8 至 2 公升的吐司模來做。

生米 90 公克（約 ½ 杯）、清水 1½ 杯（生米容量的三倍）、高筋麵粉 500 公克、新鮮酵母 15 公克、鹽 15 至 20 公克、水約 300 毫升、塗抹烤模的油脂。（如果用大湯鍋煮飯，水量要增加。）
註：如果使用乾酵母，需要的分量為 7 公克。

在容量 1 公升的厚底湯鍋中加入米及約 1½ 杯的清水，開大火煮滾，蓋上鍋蓋，轉中至小火煮到水分被吸收，米的表面出現許多小洞。

趁煮飯的時候準備其他材料。用溫水溶解酵母，把鹽放進量杯，加入 150 毫升熱水溶化鹽，再加入 150 毫升冷水拌勻。

飯煮好後要讓它降溫，降到溫熱不燙手時，再加入麵粉充分混合。依序加入酵母和鹽水，用正常的方法揉製麵團，麵團會相當柔軟。用保鮮膜或濕布巾蓋住碗口，靜置發酵 1 至 1.5 小時，直到麵團膨脹到原來的 2 倍大並產生氣泡。

發酵麵團可能會很黏，可以在表面撒些麵粉才壓扁排氣，稍加整理後放入事先預熱至微溫並在內層抹了油脂的烤模。麵團裝進去後應該有三分之二滿，用布或保鮮膜封住，靜置發酵，直到麵團膨脹到烤模邊緣。

把發酵完成的麵團置於預熱好的烤箱中層，先以攝氏 230 度（瓦斯烤爐刻度 8）烤 15 分鐘，再改用攝氏 200 度（瓦斯烤爐刻度 6）烤 15 分鐘。把麵包脫模，側邊朝上放回烤箱，用同樣的溫度烤 15 至 20 分鐘。這時如果麵包外皮看起來烤過頭或顏色較深，就用大碗或橢圓形砂鍋倒扣蓋住麵包。

史塔福燕麥煎餅

STAFFORDSHIRE OATCAKES

這份燕麥煎餅改編自刊載於 1974 年 12 月號《週日泰晤士報》的食譜，是由菲利普·奧克斯（Philip Oakes）所提供，據他說原文出處是《北史塔福郡夜間哨兵》：

「每逢週六晚間，我母親總是吩咐我外出買燕麥煎餅當週日早餐。

小舖的下半部埋入山丘，拱型窗座正好與我的視線平行。它從七點三十分開始營業，我通常會提前一小時到達，趕上煎餅的過程。煎餅大叔的肥肚把條紋圍裙撐開，在我視線上方若隱若現。他的烘烤爐床是塊黑色的金屬板，他測試一下熱度，只見從金屬板散發的熱氣裊裊升至天花板，然後他從一只白色長壺倒出十二份麵糊，麵糊立刻在金屬板上冒泡並嘶嘶作響。

當麵糊邊緣變得酥脆，一股令人垂涎的燕麥焦香撲鼻而至。煎餅一片挨著一片翻面，兩面都煎好之後，大叔就會在煎餅盤旁邊，把它們疊成柔軟且搖搖欲墜的小塔。我通常買十二個回家，把它們緊緊扣在我胸前，就好像是熱而芳香的草藥膏布。

我搬離陶器之鎮後，燕麥煎餅隨即從我生活中消失，失落感令人難以承受。我四處搜尋未果，才發現它是獨特的地方美味，力克（Leek）以北的地區未曾聽聞之，邦貝瑞（Banbury）以南對它則毫無頭緒。大多數的商店認為燕麥煎餅是一種燕麥製的餅乾，但是我童年的燕麥煎餅是柔軟的薄煎餅，配上奶油和蜂蜜可說是一大享受，與培根和煎蛋一起吃則快樂得像神仙。」

製作 16 至 18 片直徑 15 至 18 公分的煎餅，需要的材料是細燕麥粉和高筋麵粉（我用的含 85% 的全麥麵粉，不過用白麵粉也可以）各 250 公克、鹽 2 小匙、新鮮酵母 15 公克、溫牛奶和溫水各約 450 毫升、煎餅用的油脂。
註：如果使用乾酵母，需要的分量為 7 公克。

在大碗中放入燕麥粉、麵粉和鹽。用少許溫牛奶和溫水溶解酵母，加進麵粉中拌勻，再加入剩餘的溫牛奶和溫水拌成麵糊。麵糊如果太稠，就加些溫水稀釋。封住碗口，靜置發酵 1 小時左右。

用一般的方式煎餅，我喜歡的煎餅要夠薄且邊緣微微捲起。可以用布包裹燕麥煎餅來保溫並維持軟度；如果想提前做好要吃的時候才重新加熱，就得用打濕的布巾來包，煎餅才不會乾掉。

可供八至九人食用。

帕馬森起司餅

THICK PARMESAN BISCUITS

這是一個鮮為人知的食譜，出自《克拉克夫人的烹飪書》（The Cookery Book of Lady Clark of Tillypronie）。本書於一九〇九年，克拉克夫人辭世九年後出版，是從她寶貴的烹飪紀錄中編纂而成。食譜書如果是摘自筆記，通常會稍微簡略，因此《克拉克夫人的烹飪書》也無可避免有此特點。然而，本書珍貴之處在於所有食譜的構想、歷史沿革和考據，它們的確是當時的菜色，並且也是成功的完成品，否則不會流傳下來。

這份食譜相當實用，一位友人曾經協助我，我們在我倫敦的住所為一場英國與希臘聯姻的婚禮派對烘烤大批餅乾。它們與手工麵包夾煙燻鮭魚或雞肉三明治、新郎母親手作的希臘麵包球（kourabiedes）所堆成的巨型金字塔、希臘糖化杏仁，和購自商店的英式蛋糕，共同呈現簡潔卻令人難以忘懷的婚禮餐宴。

奶油丁 60 公克、中筋麵粉 125 公克、磨碎的帕馬森起司 60 公克、蛋黃 1 枚、鹽、卡宴辣椒粉。

把奶油搓入麵粉中，加入起司、蛋和調味料。如果麵團過乾，可以加少許水。把麵團擀成 1 公分厚度，用壓切器切成直徑 2.5 公分的圓形，排到烤盤。放入預熱好的烤箱底層，以攝氏 150 度（瓦斯烤爐刻度 2）烤 20 分鐘。趁熱食用。

克拉克夫人指出餅乾的厚度是這款餅乾獨具的特色，而帕馬森起司也很重要，英國起司無法取代之。

烤好的餅乾放涼後可以在鐵罐中保存，吃之前加熱即可。

可做十二片餅乾。

義大利的披薩和法國的洋蔥派
The ITALIAN PIZZA and the FRENCH PISSALADIÈRE

　　義大利口語的「披薩」是指各種種類的派餅，包括鹹的、甜的、餡料外露或包在裡面的，只要基底派皮是由塔派麵團或發酵麵團做成的即可。但在英語系國家，「披薩」一字代表一種扁圓形、餡料鋪在表面的派餅，餡料混合番茄和洋蔥，表面鋪滿融化的起司。

簡而言之，披薩遍布全世界，歐洲和美洲每個冷凍櫃幾乎都可看到它的蹤跡，它成為主要的外帶餐點；披薩由食品加工廠大量製造而成，然而它原本是拿坡里一種古老的烘焙方式，把一塊麵包麵團簡略且快速地整型後，撒上少許洋蔥、一把鹽醃沙丁魚或鯷魚，或者煎掉肥油後的豬肉渣。一般以為披薩與番茄密不可分，事實上番茄還未在歐洲種植以前，披薩就存在已久了。它與希臘人和羅馬人常吃的某種餅類相似，早期的阿拉伯人很可能有另一種版本（他們現在肯定有披薩），而美國人則宣稱披薩是他們發明的（或許吧）。西班牙有某種變形披薩，當地叫寇克餅（coca），意指一種糕餅，而普羅旺斯這種類似的派餅叫做皮沙拉捷（pissaladeira），即洋蔥派，如今全世界都將它們併入披薩之屬。法國東部的洛林奇許派（quiche）和披薩一樣，也因為工廠大量製造而深受傷害，它最早是用麵包麵團做底，但是餡料不一定要用培根、鮮奶油和蛋，事實上它的餡料可以是（而通常就是）由新鮮蜜李或櫻桃烤成黏稠的果漿抹醬。傳入英國之後，它就變成特有的豬油蛋糕和果味麵團。毫無疑問，只要有做發酵麵包的地方一定都會有剩餘的麵團，把它快速加工就可烤出便宜又經飽的食物，供小孩、窮人和飢餓的人食用。

令人感到不可思議的是，拿坡里的披薩讓那麼多地方的那麼多人，甘心以那麼高的價格購買一個既便宜又容易在家動手做的商品，而它創造出來的商機竟無法複製。即使把製作披薩的時間和工夫，以及電力、瓦斯的花費算進去，在家自製披薩再怎麼說都非常划算。而市場上大多數所謂的「披薩麵皮」其實是加了泡打粉，而不是用酵母發酵的麵團，因此口感非常韌，讓消費者有被當冤大頭的感覺。這個現象可能是因為大家對進口商品不熟悉，才讓它帶著蠱惑人心的神奇魅力，價格相同的熱起司三明治或外帶鄉村派馬上就鎩羽而歸囉！

正統的拿坡里披薩一直以來就是重口而不易消化，它之所以受歡迎是因為價格便宜，並且傳統的披薩店都有自己的磚窯，每一塊披薩早已事先烤好供客人點餐，吵雜一點的就像難民營，飢餓又沒錢的人只消花上幾便士，就可以大嚼一整塊鋪滿起司的披薩，喝一、兩杯廉價酒。截至一九五〇年代，披薩店幾乎只見於南部義大利，而安裝在店裡蜂巢式的磚窯，是特意把古老傳統的麵包窯爐保留下來的殘存物，在此重現生機。當時很難在羅馬找到一家披薩店，沒想到今日可在義大利半島每個城鎮看到一家甚至多家。

熱那亞以西，跨過普羅旺斯邊境的地中海沿岸的麵包店，可以買到變化版本的披薩，它們被裝在大型長方形鐵烤盤中，顧客們採購早餐麵包時，可以順帶購買切好的披薩片。在利古里亞海邊，披薩曾經稱為沙丁那拉（sardenara），因為當時鹽醃沙丁魚是餡料的一部分，其他材料則是以洋蔥和番茄為主。普羅旺斯介於尼斯與馬賽之間的皮沙拉捷與沙丁那拉相似，名字來自於餡料中的皮沙拉（pissala），是尼斯區和普羅旺斯區海岸特有的罐裝漬小魚苗。一九三〇年我首次品嘗洋蔥派，那個時候漬鰻魚已經取代皮沙拉，麵團上的餡料有兩種主要材料，一種是橄欖油燜煮洋蔥，添加黑橄欖；另一種則是加入番茄和漬鰻魚一起燜煮的洋蔥，同樣也加上黑橄欖。還有第三種，稱作安修亞德（anchoïade），是鰻魚和大蒜的混合糊，通常是把餡料鋪在剛做好的厚片麵包上，不過塗在生麵團上再拿去烤會更好吃。以上所提到的種類都沒加入拿坡里披薩非要不可的起司。

前面提及的變化版本也就是我基本的披薩餡：洋蔥、番茄、鰻魚、黑橄欖。材料比例可以調整，也不需要每次全都用上，不過記得用橄欖油來炒，再用奧勒岡調味，偶爾也可以加些大蒜進去。我沒用會牽絲的起司，披薩製造商顯然認為它是個賣點，因此總是加上切達起司，再不然就是披薩用的莫札瑞拉。對我來說，加這兩種配料毫無意義。沒有它們，市售的披薩可能會美味些，而且還更便宜。

我用的麵團，義大利人稱之為卡莎琳佳（casalinga），屬於家庭自製麵團，而不是烘焙師的基本麵團，也就是說比較清爽，材料是一、兩顆蛋和橄欖油——喜歡的話也可以用奶油，可以說它是改良式的布里歐許（brioche）麵團。

一旦你掌握到做這麵團的訣竅，無論要做任何尺寸的披薩都可隨心所欲——我也是因為做披薩才發現酵母麵團的操作是多麼容易啊！

儘管如此，對於麵團的餡料或配料，我有個建議。許多英國人犯了一個錯誤，他們認為加愈多配料，比如香腸、培根、蘑菇、明蝦或任何手邊有的材料，披薩就會愈好吃，事實上恰好相反。拿黑橄欖來說，不好取得的話就省略掉，但是可以用些許油漬鯷魚代替。番茄也不是非要不可，起司也是。其實就只要加洋蔥，喜歡的話就用橄欖油炒軟，麵團要進烤箱前才鋪上漬鯷魚魚片，完成品就是美味披薩囉！如果不喜歡洋蔥，可以不加而只用番茄做餡料。這實在一點都不難，也沒有太多規則。基本重點在於，鋪的餡料要能滲入麵團，烘烤時才能與麵皮合為一體。鋪了一大堆餡料就達不到這個效果，它們只會攤在麵團表面，加熱後變硬，甚至可能燒焦。英國廚師不太清楚發酵麵團的功能和作用，因此嘗試了那麼多添加物和替代品，這該說是英國人面對他國傳過來的簡易菜色時，總是習慣把它搞得像專門收集剩菜的餿水桶嗎？

摘自《英式麵包和酵母烘焙》，一九七七年

利古里亞披薩（沙丁那拉）

LIGURIAN PIZZA
Sardenara

這個食譜適合用直徑 18 至 20 公分，脫底式淺烤盤來烤。對那些不太熟悉酵母麵團以及製作過程的人來說，這是最簡單的敲門磚，保證第一次就可做出令人滿意的披薩來。

填餡材料是熟透的番茄 500 公克（可以用新鮮番茄 250 公克與義大利去皮番茄罐頭 ½ 罐代替），洋蔥 2 小顆、大蒜 2 瓣、鹽、糖、現磨胡椒粉、乾燥奧勒岡、橄欖油、油漬鯷魚魚片 60 公克、去核黑橄欖 12 小顆。

麵團材料是新鮮酵母 10 公克、牛奶 2 大匙、鹽 1 小匙、高筋麵粉或中筋麵粉 125 公克（前者為佳）、蛋 1 顆、橄欖油 2 大匙。
註：如果使用乾酵母，需要的分量為 5 公克。

首先揉製麵團：用牛奶溶解酵母。在大碗中混合麵粉和鹽，放進烤箱，用低火溫烤 4 或 5 分鐘；接著依序加入酵母和牛奶、蛋和橄欖油，邊加邊攪拌，直到充分混合。用手快速地把麵團揉到光滑，再塑成球形。在麵團表面撒麵粉，把碗口蓋好，靜置於溫暖的地方發酵 1.5 至 2 小時，直到麵團膨脹到原來的兩倍大，看起來圓胖有彈性。

接下來做餡料：番茄用滾水蓋滿，靜置數分鐘，去皮略切。把洋蔥去皮，切成細圓片。大蒜去皮，用刀面拍扁。取一只直徑 25 公分的厚底煎鍋，倒入淹蓋鍋底的橄欖油，開小火燒熱，加入洋蔥炒約 7 分鐘，小心不要炒上色。依序加入大蒜和新鮮番茄，調高火力，不加鍋蓋，好讓番茄中的水分快速蒸發，再用鹽和少許糖調味。如果有用番茄罐頭，一旦新鮮番茄煮到變成泥糊，就要把它們加進去。不需要事先把罐頭番茄切碎，就只要用木匙把茄肉和少許茄汁舀到鍋裡，再稍加壓碎即可。

再多煮個幾分鐘，直到醬汁重新收乾。檢查一下調味，別忘了橄欖和鯷魚本身也有鹹度。再撒 1 小匙奧勒岡攪勻，披薩的餡料就完成了。待披薩麵皮抹上餡料，再撒上橄欖和鯷魚，就可準備進烤箱烘烤了。

烤箱預熱至攝氏 220 至 230 度（瓦斯烤爐刻度 7 或 8）。準備塔派烤模或帶邊的烤盤，或者形狀和大小類似的陶盤，在表面刷上橄欖油。把發酵好的麵團壓扁排氣，撒些麵粉以免黏手。把麵團揉成球形，放進抹了油的烤盤中央，用手指頭輕輕壓扁，使麵團填滿整個烤盤。把降溫的餡料塗在麵皮上，把鯷魚魚片撕碎，隨意地排在上面，撒些胡椒粉，再把黑橄欖分布在魚片之間，最後撒奧勒岡和橄欖油。

把準備好的披薩擺在爐上＊10 分鐘，直到麵團再度膨脹。把披薩放進烤箱中層烤 15 分鐘，接著降到攝氏 190 度（瓦斯烤爐刻度 5）烤 10 至 15 分鐘。或者可維持原先的溫度烘烤，只不過要把披薩從中層移到底層。如果餡料看起來有點乾，就用抹了油的鋁箔紙或防油紙蓋在上面。

把整個披薩連同烤盤放在淺型的大餐盤，趁熱上菜。

可供四人份前菜。

＊伊麗莎白使用的是與瓦斯爐一體式的烤箱組，因此烤箱預熱時，瓦斯爐表面溫度會跟著升高，此時把麵團置於其上有助於發酵，使用一般烤箱的話，把麵團置於溫暖的地方發酵即可。

中東式圓形大披薩

A LARGE ROUND PIZZA in the MIDDLE EASTERN MANNER

這款披薩的餡料由肉、香料、大蒜和大量番茄做成。亞美尼亞人和黎巴嫩人常把鹽膚木（sumac）果實所磨成的細粉當作香料烹調，因此也用在這裡的餡料中。在某些販售中東商品的店舖才找得到鹽膚木，而大多數人做的餡料並沒有加入這項食材，所以我才稱之為「中東式」。這款披薩滋味絕佳，在某些方面甚至是披薩中的頂級，如果手上有吃剩的羊肉，摻進餡料中可說是物盡其用，花費也不多。

麵團材料：新鮮酵母 10 公克、牛奶約 10 大匙、鹽 1 小匙、高筋麵粉 250 公克、鹽 2 小匙、蛋 1 顆、橄欖油 2 大匙。另備少許特級初榨橄欖油塗抹平盤。
註：如果使用乾酵母，需要的分量為 5 公克。

填餡材料：洋蔥 1 小顆、羊絞肉 175 至 250 公克（生肉或煮熟的都可）、大蒜 2 或 3 瓣、鹽、肉桂粉 1 小平匙、小茴香籽粉 1 小平匙、丁香粉 ½ 小匙、現磨胡椒粉 ½ 小匙、鹽膚木 ½ 小匙（手上有就用）、去皮番茄罐頭 250 公克、糖 1 小匙、乾燥薄荷 1 小匙。

先做餡料：用橄欖油把切碎的洋蔥炒軟，加入肉慢慢炒到上色；依序加入蒜末、鹽、肉桂粉、小茴香籽粉、丁香粉、胡椒粉和鹽膚木粉。再加入罐頭番茄，蓋上鍋蓋，煨煮到湯汁幾乎收乾，醬汁相當濃稠，嘗一下味道並斟酌調味。餡料的香氣應該豐富飽滿，可能要多撒些胡椒粉，或是添點小茴香籽粉。喜歡的話還可以加 1 至 2 小匙的糖和少許乾燥薄荷。

依照第 364 頁揉製麵團並靜置發酵，直到麵團膨脹到原來的兩倍大。在直徑 30 公分的平盤塗抹特級初榨橄欖油，把麵團鋪滿整個平盤和邊緣。以布巾覆蓋麵團，靜置發酵 15 分鐘，直到它再度膨脹。在麵團表面塗抹餡料，但不要塗太厚，再度靜置發酵 10 至 15 分鐘。把披薩放進預熱好的烤箱，以攝氏 220 度（瓦斯烤爐刻度 7）烤 15 分鐘，接著降到攝氏 190 至 200 度（瓦斯烤爐刻度 5 或 6）烤 15 分鐘，或者可維持原先的溫度烘烤，只不過要把披薩移到烤箱底層。不管哪一種烤法，烤到一半時最好用抹了油的防油紙遮蓋，避免餡料烤乾。

可供七至十人份前菜。

普羅旺斯洋蔥派（皮沙拉捷）

PROVENÇAL ONION PIE
Pissaladière

戰前，一大早就可在馬賽或土倫（Toulon）老城區的街角買到剛出爐熱呼呼的洋蔥派，時至今日，它已不如以往受歡迎了。然而不久之前，我在亞維儂一家烘焙店瞄到它，於是走進去用法文要求購買「一片洋蔥派」。店員不知道我的意思。我接著問：「那這是什麼？」令我驚訝的回答於為出現，「夫人，這是普羅旺斯披薩。」披薩是有何等魔力，世人都被洗腦了，連在普羅旺斯這種擁有自己的傳統派餅的地區也無法逃離它的魔掌。兩者最大不同之處是，普羅旺斯這邊的餡料並沒有添加融化後牽絲的起司，而這正是拿坡里披薩的特徵。

麵團材料：奶油 45 公克、中筋麵粉 150 公克、鹽、蛋 1 顆、新鮮酵母 15 公克、清水少許。
註：如果使用乾酵母，需要的分量為 7 公克。

填餡材料：橄欖油、洋蔥 625 公克、番茄 2 顆、胡椒、鹽、漬鯷魚魚片 12 片、去核黑橄欖 12 小顆。

奶油切成小丁，用指尖把奶油搓入麵粉中，加入 1 大撮鹽。在麵粉中央挖出一個凹洞，打入蛋，並加入事先與 2 大匙溫水攪勻的酵母。把麵團揉到可以輕鬆地從碗裡或工作檯上取下。把麵團揉成球形，在頂端剪出大十字形開口，放在撒了麵粉的平盤，用沾上麵粉的布巾蓋好，置於溫暖處發酵 2 小時。

在厚底煎鍋內燒熱 3 或 4 大匙橄欖油，加入切成細薄片的洋蔥，蓋上鍋蓋，開小火煮到非常柔軟，變成金黃色。不能用大火炒洋蔥，也不能煮到變成棕色。加入去皮的番茄並稍加調味（喜歡的話還可加入大蒜）。把番茄和洋蔥拌煮到充分混合，而番茄中的水分幾乎蒸發殆盡。

當麵團發酵完成，在表面撒些麵粉，把它壓扁排氣，重新揉成球形，置於直徑 20 公分、抹了橄欖油的塔盤中央。用手指頭輕巧快速地把麵團往外推展，使其填滿整個烤盤。接著鋪上餡料，把鯷魚交叉排在上面，同時把黑橄欖填到空隙中，再靜置發酵 15 分鐘。把塔盤放在預熱好的烤箱中層，下襯烤盤紙，以攝氏 200 度（瓦斯烤爐刻度 6）烤 20 分鐘，再改用攝氏 180 度（瓦斯烤爐刻度 4）烤 20 分鐘。

可供四人份前菜。

伊麗莎白・大衛的著作
Books by Elizabet h David

地中海料理 *A Book of Mediterranean Food*
First published by John Lehmann 1950. Revised editions 1955, 1958, 1965, 1988.
New introduction 1991
Copyright © The Estate of Elizabeth David 1950, 1955, 1958, 1965, 1988, 1991

法國鄉村美食 *French Country Cooking*
First published by John Lehmann 1951. Revised editions 1958, 1966
Copyright © The Estate of Elizabeth David 1951, 1958, 1966

義大利料理 *Italian Food*
First published by Macdonald and Co 1954. Revised editions 1963, 1969, 1977, 1987
Copyright © The Estate of Elizabeth David 1954, 1963, 1969, 1977, 1987

夏日美食 *Summer Cooking*
First published by Museum Press 1955. Revised edition 1965
Copyright © The Estate of Elizabeth David 1955, 1965

法國地方美食 *French Provincial Cooking*
First published by Michael Joseph Ltd 1960. Revised editions 1965, 1967, 1970
Copyright © The Estate of Elizabeth David 1960, 1965, 1967, 1970

英倫廚房中的香料 *Spices, Salt and Aromatics in the English Kitchen*
First published by Penguin Books 1970. Revised editions 1973, 1975
Copyright © The Estate of Elizabeth David 1970, 1973, 1975

英式麵包和酵母烘焙 *English Bread and Yeast Cookery*
First published by Allen Lane 1977
Copyright © The Estate of Elizabeth David 1977

歐姆蛋與葡萄酒 *An Omelette and a Glass of Wine*
First published by Jill Norman at Robert Hale Ltd 1984
Copyright © The Estate of Elizabeth David 1984

寒月的禮贈 *Harvest of the Cold Months*
First published by Michael Joseph Ltd 1994
Copyright © The Estate of Elizabeth David 1994

伊莉莎白的聖誕餐 *Elizabeth David's Christmas*
First published by Michael Joseph Ltd 2003. Reissued 2005
Copyright © The Estate of Elizabeth David and Jill Norman 2003

索引
INDEX

【Gooday】MG0020

伊麗莎白‧大衛的經典餐桌
At Elizabeth David's Table: Her Very Best Everyday Recipes

編　　　選	吉兒‧諾曼 Jill Norman	
譯　　　者	松露玫瑰	
封 面 設 計	霧室	
版 面 編 排	走路花工作室	
總 編 輯	郭寶秀	
責 任 編 輯	力宏勳	
行 銷 業 務	李怡萱	

發 行 人　涂玉雲
出　　版　馬可孛羅文化
　　　　　台北市民生東路二段 141 號 5 樓
　　　　　電話：02─25007696
發　　行　英屬蓋曼群島商家庭傳媒股份有限公司城邦分公司
　　　　　台北市中山區民生東路 141 號 11 樓
　　　　　客服專線：02─25007718；25007719
　　　　　24 小時傳真專線：02─25001990；25001991
　　　　　服務時間：週一至週五上午 09:00─12:00；下午 13:00─17:00
　　　　　劃撥帳號：19863813 戶名：書虫股份有限公司
　　　　　讀者服務信箱：service@readingclub.com.tw
香港發行所　城邦（香港）出版集團有限公司
　　　　　香港灣仔駱克道 193 號東超商業中心 1 樓
　　　　　電話：852─25086231 或 25086217　傳真：852─25789337
　　　　　電子信箱：hkcite@biznetvigator.com
新馬發行所　城邦（新、馬）出版集團
　　　　　Cite（M）Sdn. Bhd.（458372U）
　　　　　41, Jalan Radin Anum, Bandar Baru Sri Petaling,
　　　　　57000 Kuala Lumpur, Malaysia.
　　　　　電話：603─90578822　傳真：603─90576622
　　　　　電子信箱：services@cite.com.my
輸 出 印 刷　中原造像股份有限公司
初 版 一 刷　2017 年 8 月
定　　價　1500 元（如有缺頁或破損請寄回更換）

版權所有‧翻印必究（Printed in Taiwan）

編選
吉兒‧諾曼 Jill Norman
從事出版工作多年，她對食物和酒類的書籍別有興趣和專研。60 年代中期到 70 年代，她主持並推動企鵝出版社所發行一系列深具影響力的食譜書籍，也讓她名列最佳美食佳釀編輯之林。她本身也為企鵝出版社寫作出許多歷久不衰的暢銷書，例如有關美食和烹飪的作品《香料全書》就為她雙雙贏得安德烈西蒙和格蘭菲地許兩項文藝首獎，還為她得到美國職業廚藝協會頒發的獎項。

譯者
中文系畢業，卻在傳播界打滾十數年，當燃盡光與熱之後，決定移居荷蘭，為自己而活。
愛吃愛煮食，以刀具鍋鏟為經，以食物香味為緯，定位出個人廚房座標。
翻譯及撰寫多本烹飪書籍，請搜尋「松露玫瑰」。

部 落 格：http://TruffleRose.pixnet.net/blog
個 人 臉 書：https://www.facebook.com/TruffleRose
臉 書 專 頁：www.facebook.com/TruffleRose.Party

國家圖書館出版品預行編目 (CIP) 資料

伊麗莎白‧大衛的經典餐桌 / 吉兒‧諾曼 (Jill Norman) 編選；松露玫瑰譯 . -- 一版 . -- 臺北市：馬可孛羅文化出版：家庭傳媒城邦分公司發行 , 2017.08
　面；　公分 . -- (Gooday；20)
譯自：At Elizabeth David's table : her very best everyday recipes
ISBN 978-986-95103-0-1(精裝)

1. 食譜

427.12　　　　　　　　　106011720

At Elizabeth David's Table: Her Very Best Everyday Recipes
Original English language edition first publish by Penguin Books Ltd, London
Text copyright © Elizabeth David 2010
The authors have asserted his moral rights
All rights reserved
This Tradition Chinese language edition is arranged with Andrew Nurnberg Associates International Limited
Complex Chinese translation copyright © 2017 by Marco Polo Press, a division of Cite Publishing Ltd.
ISBN 978-986-95103-0-1